Rowohlt Verlag GmbH, Kirchenallee 19, 20099 Hamburg

Kontaktadresse nach EU-Produktsicherheitsverordnung:
produktsicherheit@rowohlt.de

Wer möchte nicht in die Zukunft blicken können und erfahren, wie die Welt in fünfzig, hundert oder zweihundert Jahren aussieht? Wie werden wir leben? Und wohnen? Werden Nanoroboter und Menschenklone zum Alltag gehören? Was passiert, wenn die Menschheit die Ölreserven aufgebraucht hat? Und wenn das Klima plötzlich umschlägt – werden wir dann ins All auswandern?

Andreas Eschbach entwirft in diesem Buch packende Szenarien, die wie Science-Fiction anmuten, aber wahr werden könnten. Er erklärt, wie die Forscher zu ihren Prognosen gelangen, lässt uns einen Blick in ihre Labors werfen und zeigt auch, wie leicht sie sich täuschen können. Eine Reise in die Zukunft – fabelhaft erzählt und voller überraschender Entdeckungen.

Andreas Eschbach studierte Luft- und Raumfahrttechnik und arbeitete zunächst als Software-Entwickler. Bekannt wurde er als Autor von Bestsellern wie «Das Jesus-Video» (1998), «Eine Billion Dollar» (2001) und «Ausgebrannt» (2007). Andreas Eschbach lebt als freier Schriftsteller mit seiner Frau an der französischen Atlantikküste.

Andreas Eschbach

Das Buch der Zukunft

Rowohlt Taschenbuch Verlag

7. Auflage November 2020

Veröffentlicht im Rowohlt Taschenbuch Verlag,
Reinbek bei Hamburg, Dezember 2007

Umschlaggestaltung ZERO Werbeagentur, München
(Fotonachweis: M. Mulder/Getty Images)
Druck und Bindung BoD - Books on Demand GmbH,
Norderstedt, Germany
ISBN 978 3 499 62357 8

Inhalt

Vor Propheten wird gewarnt

Ich weiß nicht mehr genau, wann und wo ich das gelesen habe, nur, dass es eine Zeitschrift war und ich höchstens acht Jahre alt. Im Jahr 2000, las ich da jedenfalls, würde ich – wie jedermann – mit meinem atomgetriebenen Hubschrauber zur Arbeit fliegen. Ich würde in einem fünf Kilometer hohen Hochhaus leben, einer «Arkologie», die man weit draußen im Ozean hoch über den Wellen errichtet hatte. Gleichfalls im Meer schwimmende Farmen sollten neuartige Lebensmittel erzeugen, nicht nur zur Versorgung der auf der Erde lebenden Menschen, sondern auch der die Erde umkreisenden Raumstationen. Es würde die ersten Städte auf dem Mond geben.

Wow, dachte ich und rechnete: Das konnte ich alles noch erleben! Mehr noch, im Jahre 2000 würde ich erst 40 Jahre alt sein!

Heute, da ich diese Zeilen schreibe, lebe ich in einem Haus, das ungefähr zu der Zeit erbaut worden ist, als ich besagten Artikel las. Ich kann von meinem Schreibtisch aus auf den Atlantik sehen, aber da sind weder schwimmende Farmen noch fünf Kilometer hohe Wohnhäuser. Heute kann ich nur lachen über diese Zukunftsprognose, die so offensichtlich ausgemachter Blödsinn war.

Aber wie kann ich es dann wagen, ein Buch wie das vorliegende zu schreiben? Muss dabei nicht zwangsläufig derselbe Blödsinn herauskommen, nur um 30 Jahre zeitversetzt?

Wie man sich unsterblich blamiert

Offenbar ist nämlich das Vorhersagen der Zukunft eine gute Möglichkeit, als Dumpfbacke in die Geschichte einzugehen. So behauptete einst ein gewisser Charles Durell: «Alles, was erfunden werden kann, ist bereits erfunden.» Peinlich: Das war im Jahre 1899, Durell war Chef des US-Patentamts und meinte es so ernst, dass er sogar vorschlug, man möge seine eigene Behörde auflösen.

Im Jahr 1943 äußerte kein Geringerer als der damalige Vorstandsvorsitzende der IBM, Thomas Watson, das seither berühmt gewordene Fehlurteil: «Es gibt einen Weltmarkt für vielleicht fünf Computer» – eine Vorhersage, mit der er, wie wir heute wissen, um eine Größenordnung von zig Millionen daneben zielte.

So falsch, wie man nur irgend liegen kann, lag wenig später Darryl F. Zanuck, Chef der 20th Century-Fox, der 1946 allen Ernstes meinte: «Das Fernsehen wird sich keine sechs Monate am Markt halten. Die Menschen werden es bald satt haben, Abend für Abend in eine Holzkiste zu starren.»

Auch geballte Gelehrtheit und Skepsis schützen nicht vor Blamage: Anfang des 20. Jahrhunderts prüfte ein junger Mann namens Hermann Oberth die Berechnungen in dem von Jules Verne verfassten Roman «Von der Erde zum Mond» nach und fand, dass die zum Entkommen aus der Schwerkraft der Erde nötige Fluchtgeschwindigkeit richtig, die Methode, sie mit einer Kanone zu erreichen, wie Verne es vorgeschlagen hatte, aber undurchführbar war. Er skizzierte stattdessen die langsam beschleunigende Rakete und schrieb eine Doktorarbeit mit dem Titel «Die Rakete zu den Planetenräumen». Diese wurde 1922 an der Universität Heidelberg als «zu phantastisch» abgelehnt: «Weil Raumfahrt prinzipiell unmöglich ist, muss Oberth sich in seinen Berechnungen irren», hieß es.

Doch es waren die Heidelberger Professoren, die irrten: Die Formeln in Oberths Dissertation legten die Grundlage für alle

Weltraumfahrt, und Hermann Oberth gilt heute als einer ihrer Pioniere.

Umgekehrt auf Kühnheit zu setzen kann einen genauso daneben treffen lassen. Einer der berühmtesten Science-Fiction-Autoren, Arthur C. Clarke, lag in einem 1963 veröffentlichten Sachbuch zwar ganz gut mit der Prognose, es werde um das Jahr 1990 herum «privaten Sprechfunk für jedermann» geben (heute sagen wir «Mobiltelefon» dazu) und um das Jahr 2000 eine «allgemein verfügbare Weltbibliothek» (das Internet könnte man mit einigem Recht so bezeichnen), seine sonstigen Vorhersagen aber waren alle gnadenlos optimistisch: So erwartete er eine Beherrschung der Kernfusion für die Mitte der achtziger Jahre und sah für das Jahr 2000 die ersten Kolonien auf anderen Planeten voraus.

Sich mordsmäßig zu irren ist allerdings auch kein Privileg vergangener Generationen. So begründete Kenneth Olsen, der Gründer der *Digital Equipment Corporation*, seine Weigerung, in die Entwicklung kleinerer Computer zu investieren, noch im Jahre 1977 mit dem Argument: «Es gibt keinen Grund für eine Einzelperson, einen Computer zu Hause zu haben.» Im Jahr darauf kamen die ersten *Personal Computer* auf den Markt – und veränderten die Welt.

Darüber hinaus ist die Geschichte voller Ereignisse von weitreichender Bedeutung, die nie vorhergesagt wurden, sondern überraschend über die Welt hereinbrachen. Die Studentenunruhen in den Sechzigern etwa, die Massenarbeitslosigkeit in den Siebzigern oder der Zusammenbruch des Sozialismus. Dass Faxgeräte einen praktischen Nutzen haben und Käufer finden würden, wollte einst niemand glauben, und selbst die Ölkrise des Jahres 1973 kam unerwartet. Und dass das geteilte Deutschland noch vor dem Jahr 2000 – oder überhaupt jemals – wiedervereinigt werden würde, davon war kaum jemand im Ernst überzeugt, nicht einmal die wenigen, die es noch gefordert hatten: Was beweist, dass auch Dinge passieren können, an die niemand glaubt.

Nicht einmal auf unheilvolle Vorhersagen ist Verlass. So sagte der Umweltforscher Paul Ehrlich 1972 das Sterben der Ozeane bis spätestens zum Jahr 1980 voraus. 1980 – die Ozeane lebten immer noch – prophezeite eine Vielzahl von Experten das bevorstehende Sterben der deutschen Wälder, wobei ihnen die einen noch fünf Jahre gaben, andere zehn, keiner aber mehr als zwanzig. Heute kann ich von meinem Schreibtisch aus die Fischerboote hinausfahren sehen, also kann das Meer noch nicht tot sein, und die Wälder stehen auch noch.

Dieses Buch ließe sich problemlos allein mit Beispielen wie den vorangegangenen füllen. Aber obwohl Hunderte vor uns fehlgegangen und die Chancen, sich zum Gespött zu machen, offensichtlich überwältigend sind, probieren wir es doch immer wieder aufs Neue.

Warum?

Warum wir es trotzdem immer wieder tun

Weil die Zukunft einfach ein unwiderstehliches Thema ist.

Wir sind eine Geschichten erzählende Spezies. Es gibt Tausende verschiedener menschlicher Kulturen, gegenwärtige und vergangene, und so groß die Unterschiede zwischen ihnen auch sein mögen, keine einzige davon verzichtet darauf, Geschichten zu erzählen. Wir erzählen Geschichten, um uns die Welt zu erklären, Sinn in unser Dasein zu bringen, die Zeit zu gestalten. Die Zeit, das heißt auch: die Zukunft.

Ein Bauprojekt, ein politisches Programm, ein Businessplan – das sind im Grunde alles Geschichten über die Zukunft. «Es wird einmal sein», beginnen sie, und dann erzählen sie uns: «Es wird einmal eine Brücke zwischen Dänemark und Skandinavien gebaut werden ...» Oder: «Es wird einmal eine Gemeinschaft der europäischen Staaten existieren ...» Oder: «Es wird einmal ein

Auktionshaus im Internet geben, für jedermann und rund um die Uhr ...» Wir erschaffen die Welt in Geschichten.

Schon als Kinder erzählen wir Geschichten über die Zukunft, über *unsere* Zukunft. «Wenn ich einmal groß bin, werde ich ...»

Wenn es um die Zukunft geht, können wir einfach nicht widerstehen. Ich jedenfalls nicht. Genau genommen sind Geschichten über die Zukunft meine Leidenschaft, seit ich denken kann.

Deshalb dieses Buch.

Wie man die Zukunft <u>nicht</u> vorhersagt

Vorhersagen sind schwierig, vor allem, wenn sie die Zukunft betreffen», wusste schon der Komödiant Karl Valentin ebenso treffend wie kauzig zu bemerken. Und zweifellos hat er Recht. Etwas mag sich in dem Moment, in dem es vorhergesagt wird, noch so plausibel anhören – eine Gewähr dafür, dass es später auch so kommt, ist das nicht.

Prophezeiungen, die niemand nachprüft

Überaus amüsant ist es beispielsweise, in Antiquariaten durch alte Jahrbücher mit angeblichen prophetischen Vorhersagen zu blättern, die alljährlich unter Namen wie «Nostradamus» oder anderen, weniger prominenten Sehern erscheinen und offenbar regen Absatz finden. Doch kaum einer von denen, die diese Broschüren kaufen, scheint jemals am Ende eines Jahres – wenn die Ausgabe für das nächste Jahr zum Kauf ausliegt – nachzuprüfen, wie viele der Vorhersagen eigentlich eingetroffen sind. Täten das viele, müsste der Absatz derartiger Broschüren binnen kurzem unter die Rentabilitätsschwelle sinken, denn die Bilanz ist verheerend: Da wurden nicht nur Kriege prophezeit, die nie stattfanden, Attentate auf Herrscher, die immer noch leben oder inzwischen eines friedlichen Todes gestorben sind, Seuchen und Sintfluten, nein, selbst die Ankunft Außerirdischer oder die Wiedereinsetzung des Königtums in diversen Ländern, die uns als gefestigte Demokratien geläufig sind, hätten längst stattfinden müssen. Wirklich weltbewegende Ereignisse wie der Anschlag auf das *World Trade Center* in New York, der Fall der Mauer oder meinetwegen der Unfalltod von Prinzessin Diana wurden dagegen regelmäßig *nicht* vorhergesagt, sondern kamen auch für diese obskuren Berufspropheten so überraschend wie für den Rest der Menschheit.

Warum finden solche banalen Voraussagen trotzdem Käufer? Mir scheint, dass es manchen Menschen lieber ist, *irgendeine* Vorhersage für die Zukunft zu haben – und sei es eine hanebüchene – als gar nichts, woran man sich halten kann. Wenn uns das Unbekannte, wofür die Zukunft grundsätzlich steht, zu sehr Angst macht, ist das eine verständliche Reaktion.

Diese Art Zukunftsdeutung ist allerdings nicht das, wovon dieses Buch handeln soll.

Prophezeiungen im Nachhinein

Man kann es natürlich auch ganz schlau anstellen – so wie «Xineohpoel» alias «Sollog», jener selbst ernannte Seher, der im Internet jahrelang mit erstaunlich treffsicheren Vorhersagen für Aufsehen sorgte: Sei es das Bombenattentat von Oklahoma, der Unfalltod Lady Dianas, alles hatte er angeblich vorher gewusst, Kleinigkeiten wie Erdbeben sowieso. Als er dann aber auch das Attentat vom 11. September 2001 vorausgesagt haben wollte, fanden gewiefte Rechercheure heraus, dass er schlicht seit Jahren schummelte: War etwas Bemerkenswertes geschehen, fügte er rasch – nachträglich also – eine entsprechende, beeindruckend klingende Vorhersage ein und datierte sie einfach ein paar Tage oder Wochen zurück. Außerdem deponierte er regelmäßig dunkelsinnige Texte in Newsgroups, die er, wenn etwas Aufsehenerregendes geschah, im Nachhinein zu Vorhersagen uminterpretierte – oder einfach wieder löschte.

Prophezeiungen über eine Zukunft, die niemand mehr erleben wird

Auf der sicheren Seite ist man auch, wenn man seine Vorhersagen einfach weit genug in die Zukunft verlegt. Wenn sie eintreffen, schön – und wenn nicht, macht es auch nichts, weil niemand mehr da sein wird, der einen dafür belangen könnte.

Die Astrophysiker zum Beispiel glauben zu wissen, «wohin das alles führen wird». Ihnen zufolge sieht unsere Zukunft folgendermaßen aus:

In ein paar Milliarden Jahren wird sich unsere Sonne zu einem Roten Riesen aufblähen, die Ozeane der Erde werden verdampfen, alles, was da kreucht und fleucht, wird im Hitzesturm verbrennen und der Planet zu einer kahlen, leblosen Gesteinskugel werden.

In etwa 100 Milliarden Jahren wird in der Milchstraße alles Material verbraucht sein, aus dem Sterne entstehen könnten; in 100 000 Milliarden Jahren gilt das für alle Galaxien des Universums. Die letzten Sterne werden ausbrennen, danach wird es dunkel im Universum bis ans Ende aller Zeiten. Schwarze Löcher werden nach und nach die noch existierende Materie verschlingen, irgendwann die Größe von Galaxien überschreiten und schließlich, über einen Zeitraum, der alle bis dahin verstrichene Zeit um das Trilliardenfache überschreitet, zerstrahlen, bis nichts mehr übrig ist.

Hu-ah! Schauder.

Was für ein Glück, dass wir jetzt leben, oder? Bei solchen Aussichten kommt einem ein anstehendes Examen gleich nicht mehr ganz so schrecklich vor.

Aber stimmt das überhaupt? Es ist ja schließlich nur eine Theorie, und eine unmöglich zu beweisende dazu, denn sie stellt Behauptungen über eine Zukunft auf, die so weit weg ist, dass sich bis dahin garantiert niemand mehr an diese Behauptungen erinnern wird.

Hinzu kommt, dass es durchaus auch jetzt schon konkurrierende Vorhersagen gibt. Das oben beschriebene Bild etwa entstammt dem kosmologischen Modell eines sich endlos ausdehnenden Universums. Andere Astrophysiker vertreten die Ansicht, das Universum werde nach einer Phase der Expansion – in der wir leben – wieder kollabieren, und zwar in etwa 100 Milliarden Jahren. Daneben gibt es nicht weniger renommierte Wissenschaftler, die ein Universum ohne Anfang und ohne Ende postulieren.

Was stimmt denn nun?

Die Zeit wird es zeigen, zweifellos, aber keiner von uns wird erleben, wer Recht hat. Wir werden unser Leben ohne diese Information zu Ende leben müssen.

Aber so schlimm ist das ja nun auch wieder nicht, oder?

Prophezeiungen, die beeinflussen sollen

Sehr häufig sind Vorhersagen allerdings in Wahrheit gar keine Vorhersagen, sondern Wunschvorstellungen. Das passiert besonders gern, wenn Leute, die Kapazitäten auf irgendeinem Fachgebiet sind, zur Zukunft befragt werden: Zuverlässig prophezeien sie, dass natürlich ausgerechnet ihr Gebiet künftig erst richtig bedeutsam werden wird.

Und manche Prophezeiungen sind schlicht Propaganda interessierter Kreise: Mit anderen Worten, es wird versucht, eine Zukunft als unausweichlich zu zeichnen und sie *ebendadurch* herbeizuführen. (In manchen Management-Seminaren wird diese Absicht ganz unverhohlen in den Merkspruch gepackt: «Die beste Art, die Zukunft vorherzusagen, ist, sie zu erschaffen.»)

Als Wernher von Braun im Überschwang der Erfolge des Apollo-Programms eine Landung von Menschen auf dem Mars für spätestens 1985 voraussagte, war dies zweifellos seine persönliche Wunschvorstellung, nicht eine realistische Erwartung.

Die seit Jahrzehnten von Verfechtern der «Künstlichen Intelligenz» zu vernehmende Prognose, der «intelligente Computer», die Maschine, die «klüger sein wird als der Mensch», stehe unmittelbar bevor, dient zweifellos dem Zweck, weitere Forschungsgelder lockerzumachen.

Dem eBook trauten vor einigen Jahren nicht wenige Leute allen Ernstes zu, das «Ende des Buches» herbeizuführen. Stattdessen kam das Ende des eBooks, und die Buchhandelsbranche meldete neue Rekordzahlen bei den jährlichen Neuveröffentlichungen.

Wenn Prognosen auf die Wirklichkeit Einfluss nehmen, nennt man das *self-fulfilling prophecy*, und am schönsten illustriert folgender Witz das zugrunde liegende Prinzip:

> «Ich wäre ja mit ihm zusammengeblieben», sagte ein Mädchen zu seiner Freundin, «aber es war einfach nicht mehr auszuhalten, wie er herumgejammert hat, er sähe es kommen, dass ich ihn eines Tages verlasse.»

Ähnlich wirken Konjunkturprognosen oder Vorhersagen von Wahlergebnissen. Ein Aufschwung wird vorhergesagt, Geschäftsleute stellen sich (vorausgesetzt, sie glauben daran) durch vermehrte Investitionen darauf ein – und führen ihn gerade dadurch herbei. Umgekehrt kann die Ankündigung einer bevorstehenden Wirtschaftskrise dazu führen, dass jeder nur noch das Nötigste kauft, Firmen Investitionen nach Möglichkeit aufschieben und ebendieses Verhalten den Abschwung auslöst oder zumindest verstärkt. Die Prognose, eine kleine Partei werde es nicht über die Fünfprozenthürde schaffen, kann dazu führen, dass viele Wähler ihre eigentlich dieser Partei zugedachte Stimme anderen, größeren Parteien geben und die kleine Partei ebendeshalb scheitert.

Auch den umgekehrten Fall gibt es: dass eine Vorhersage ein Verhalten auslöst, das verhindert, dass sie wahr wird.

Angenommen, jemand rechnet Geburtenzahlen hoch und warnt

vor einem Zusammenbruch des Bildungssystems. Seine Warnungen finden Gehör, es werden Schulen gebaut, Universitäten erweitert, zusätzliche Lehrer ausgebildet und eingestellt – und der vorhergesagte Zusammenbruch bleibt aus. War die Prognose falsch? Oder kam sie gerade rechtzeitig, um das Schlimmste zu verhindern? Oder ist man womöglich aufgrund der Warnung in Panik verfallen und hat viel zu viel in diesen Bereich investiert, Mittel, die nun anderswo fehlen? Auch das kommt vor.

Geschichten von der Zukunft sind auf jeden Fall nicht einfach nur müßige Unterhaltung für Stunden, in denen wir nichts Besseres zu tun finden. Die Geschichten, die wir uns über die Zukunft erzählen, können genau diese Zukunft ganz gehörig beeinflussen.

Meine Geschichte der Zukunft

Angenommen, ich wollte eine Geschichte der Zukunft schreiben – der kommenden Jahrzehnte, vielleicht auch der kommenden Jahrhunderte –, die so nah wie möglich dran sein soll an dem, was tatsächlich passieren wird: Wie müsste ich dafür recherchieren? Auf welche Zahlen, Daten, Fakten würde ich mich beim Entwurf dieser Geschichte stützen – und auf welche *nicht*?

Das ist der Ausgangspunkt dieses Buches. Doch anders als ich es bei einem Roman machen würde, will ich hier nicht nur die Geschichte selbst erzählen, sondern meine Leser außerdem an den Recherchen dafür teilhaben lassen, an meinen Überlegungen, wie diese Geschichte sich gestalten müsste – wo zum Beispiel noch gestalterischer Spielraum herrscht und wo die Entwicklung der Dinge schon zwangsläufig zu sein verspricht, welche möglichen Zukünfte von den mehr oder weniger klugen Entscheidungen Einzelner abhängen und wo sich künftige Konflikte abzeichnen. Wo, um in der Sprache des Romanentwurfs zu bleiben, die Anknüpfungspunkte für *action* sind. *Action* – das ist das, was man in

Romanen schätzt, weil es sie spannend macht, während man es, wenn es einem im wirklichen Leben widerfährt, in aller Regel eher unangenehm findet. Diesen Unterschied sollten wir nie vergessen. «Mögest du in interessanten Zeiten leben» lautet ein bekannter chinesischer Fluch, und ich schätze, er meint sinngemäß das Gleiche.

Nun, die heutigen Zeiten sind alles andere als uninteressant. Und die Zeiten, die vor uns liegen, versprechen sogar äußerst interessant zu werden.

Doch wie bei einem Roman muss auch hier die erste zu klärende Frage sein: Lohnt es sich überhaupt, die Geschichte zu erzählen? Schließlich gibt es nicht wenige Prophezeiungen, die nahe legen, dass die Geschichte der Zukunft eine sehr *kurze* Geschichte sein könnte. Weil nämlich das Ende der Zeiten, der Weltuntergang, der letzte aller Tage unmittelbar bevorstehe.

Genauer gesagt, gibt es so viele solcher Prophezeiungen, dass wir ein eigenes Kapitel dafür brauchen.

Weltuntergänge

Ein Jahrzehnt nach jenem Zeitschriftenartikel, der mich als Kind so beeindruckt hatte und der durchaus typisch für die Zukunftserwartungen der sechziger Jahre war, machten ganz andere Zukunftsentwürfe Schlagzeilen. Zukunft, das war in den Siebzigern und Achtzigern vorwiegend etwas, mit dem überhaupt nicht mehr ernsthaft zu rechnen war. Das Ende der Menschheit, so konnte man allenthalben lesen, stehe unmittelbar bevor; nur eine Gnadenfrist sei uns noch vergönnt.

Wie steht es heute damit? Ist die Gnadenfrist noch weiter geschrumpft, oder war das auch alles nur Blödsinn?

Die sieben Varianten des Weltuntergangs

Obwohl Untergangsprophezeiungen in unüberschaubarer Zahl existieren, offenbaren sie bei genauerer Betrachtung wenig Originalität. Eigentlich sind sie alle nur Varianten folgender Grundtypen:

1. Gott kommt und hält Jüngstes Gericht.
2. Die Moral verfällt endgültig, alle Zivilisation endet.
3. Das menschliche Erbgut degeneriert irreparabel, der Mensch wird wieder zum Tier.
4. Ein globaler Atomkrieg vernichtet alles Leben auf Erden.
5. Eine weltweite Seuche rottet uns aus.
6. Die Umwelt kollabiert endgültig.

7. Eine unangreifbare Diktatur entsteht und hält die Menschheit bis ans Ende aller Tage in Knechtschaft.

Da sich detailliertere Gedanken über die Zukunft nicht lohnen, falls das Ende aller Zeiten unabwendbar bevorstehen sollte, müssen wir uns zuerst mit diesen Annahmen befassen und sehen, was eventuell daran ist und was nicht.

Gott kommt und hält Jüngstes Gericht

Das letzte und vermutlich verstörendste Buch der Bibel handelt in epischer Breite von nichts anderem als davon, wie das Ende der Welt, wie wir sie kennen, über uns kommen wird. Es sagt allerdings nichts darüber aus, *wann* genau das passieren soll, und ein Blick auf vergangene – und, wie wir wissen, bislang ereignislos verstrichene – Prophezeiungen zeigt, dass wenig Verlass ist auf selbst ernannte Propheten, die sich berufen fühlen, diese Ungenauigkeit der Heiligen Schrift zu korrigieren. Allein in den letzten zwei Jahrhunderten wurde der Weltuntergang von verschiedensten Seiten vorhergesagt für 1800, 1814, den 21. März 1843, 1864, 1874, 1881, 1891, 1901, den 17. Mai 1910, 1914, 1925, 1953, 1957, den 22. April 1959, 1960, den 4. Februar 1962, 1969, 1973, 1975, 1978, den 28. Juni 1981, 1982, 1986, Mai und September und Oktober 1988, 1990, den 28. Oktober 1992, 1993, September 1994, 1995, 1996, den 10. April 1997, Anfang 1998, den 25. März 1998, wahlweise auch den 25. Juli 1998, verschiedentlich auch für den September, Oktober oder November 1998. 1999 war natürlich ein Kulminationspunkt: im Juli, am 11. August, am 9. September, am 19. Dezember oder am 31. Dezember 1999 war das Ende der Welt prophezeit, dann wieder für 2000, und zwar für den 11. Januar, den 17. März, den 5. oder den 31. Mai, ersatzweise für 2002, 2003 und so fort. Aktuell endet die Welt am 22. Dezember 2012, allerdings aufgrund der heidnischen Annahme, das auf diesen Tag fallende Ende des Kalenders, den die selber längst untergegangenen Maya benutzten, bedeute das Ende auch unserer Welt.

Egal, wer das Jüngste Gericht für welchen Tag prophezeit, die Wahrscheinlichkeit spricht in überwältigender Weise dafür, dass er sich irrt.

Die Moral verfällt endgültig, alle Zivilisation endet

Bestätigt nicht ein bloßer Blick in die Zeitung, dass es so ist? Gewalt allerorten, in den Schulen sowieso, Kinderschänder treiben ihr Unwesen, Beamte sind bestechlich, die Jugend verdirbt, spottet auf die Traditionen und hat Sex.

Doch bekanntlich klagte schon Plato über die Jugend seiner Zeit: «Die heutige Jugend ist von Grund auf verdorben, sie ist böse, gottlos und faul. Sie wird niemals so sein wie die Jugend vorher, und es wird ihr niemals gelingen, unsere Kultur zu erhalten.» Das sind Sätze, die sich fast ohne Änderung des Wortlauts mit heutigen Beschwerden decken. Dass in der guten alten Zeit alles besser war, ist ein nostalgischer Mythos, weiter nichts.

Geht man davon aus, dass sich die Menschen nicht grundlegend ändern, dann ist es logisch, dass es heute, da mehr Menschen auf Erden leben als je zuvor, auch mehr Gewalt geben muss. Und da zudem die Medien schneller und engmaschiger geworden sind, erfahren wir auch weit mehr darüber. So entsteht vielleicht der Eindruck allseitigen Zerfalls.

Die Zahlen sprechen eine andere Sprache. Die Gewalt- und Mordstatistik stagniert in vielen Industrienationen, die heutige Jugend ist in Sachen Sex und Moral eher solider, als die Generation ihrer Eltern es war, und selbst die Gewalt an Schulen ist im Großen und Ganzen rückläufig. Sogar Kinderschänder, verraten

Polizeistatistiken, gab es früher mehr als heute – es wurde nur in den Medien nicht darüber berichtet.

Das menschliche Erbgut degeneriert irreparabel, der Mensch wird wieder zum Tier

Gibt es nicht immer mehr Brillenträger? Erlaubt moderne Medizin nicht, dass auch Menschen mit vererbbaren körperlichen Defekten nicht nur überleben, sondern sich auch fortpflanzen, sodass die entsprechenden Gene erhalten bleiben, anstatt aus dem Genpool auszuscheiden – und machen wir nicht dadurch die Evolution unwirksam?

Die Evolution ist in der Tat, soweit es uns Menschen und unsere körperliche Beschaffenheit angeht, weitgehend außer Funktion gesetzt worden. Das war geradezu das gemeinsame *Ziel* aller Anstrengungen, die in den letzten Jahrtausenden geleistet wurden, um das Los der Menschen zu verbessern: Wir *wollen* nicht, dass Kinder sterben, nur weil sie schwach zur Welt kommen. Wir *wollen* nicht, dass nur «die Starken» unter uns überleben.

Das ist allerdings ein Bereich, in dem man sorgfältig auseinander halten muss, was noch wissenschaftliches Argument und was schon untotes Gedankengut einer nationalsozialistischen Ideologie ist, die zu wissen meinte, was «lebensunwertes Leben» ist, und in der Erhaltung oder Durchsetzung irgendwelcher «rassischen Reinheit» das Ziel schlechthin sah. Nach allem, was wir heute wissen, ist im Gegenteil Vielfalt wünschenswert, und wenn wir uns die Schicksale mancher Geistesgrößen der Geschichte vergegenwärtigen, scheint eine Behinderung manchmal geradezu die Voraussetzung einer singulär großen Leistung zu sein – denken wir beispielsweise an Immanuel Kant oder, in unserer Zeit, Stephen Hawking.

Die Vorstellung, der menschlichen Art drohe die Auslöschung durch genetischen Verfall, ist jedenfalls ein höchst unlogischer

Humbug: Denn der schlimmste Fall wäre, dass wir eines Tages, grob gesagt, zu doof sein könnten, um unsere Kultur funktionsfähig zu erhalten. Doch dann würden einfach die Mechanismen der Evolution wieder greifen, und alles begänne von vorn.

Ein globaler Atomkrieg vernichtet alles Leben auf Erden

Um daran keinen Zweifel zu lassen: Ein mit nuklearen Waffen geführter großer Krieg ist nach wie vor technisch möglich, und käme es je dazu, wäre das ein unaussprechlich schreckliches Ereignis, das Millionen oder Milliarden Menschen das Leben kosten würde, ein Einschnitt in der Menschheitsgeschichte ohne Beispiel. Ein großer Atomkrieg wäre die größte von Menschenhand anrichtbare Katastrophe, würde unermessliche Verwüstungen anrichten und unvorstellbares Leid auslösen.

Aber das Ende der Menschheit, erst recht das allen Lebens auf Erden wäre er nicht.

Die rechnerische «Overkill»-Kapazität der existierenden Nuklearwaffen ist eben nur das: rechnerisch. Da die Menschheit jedoch nicht ausschließlich in Ballungszentren lebt und es auch nie tun wird, würden selbst im schlimmsten Fall in dünn besiedelten Gebieten, abseits verstrahlter Zonen, größere Gruppen überleben. Es wäre ein Überleben auf extrem niedrigem Niveau, aber keinesfalls ein Rückfall in die Steinzeit. An die, die das Unglück verursacht haben, würde man sich erinnern, und zweifellos würden ihre Namen in Form von Flüchen und Verwünschungen fortdauern. Aber fortdauern würden sie.

Eine weltweite Seuche rottet uns aus

Die seit Jahrhunderten stetig ansteigende Kurve der Bevölkerungsentwicklung weist nur eine einzige Delle nach unten auf: Kein Krieg und keine Hungersnot hat sie verursacht, sondern eine Seuche – die Pest. In den Jahren von 1348 bis 1350 suchte sie Europa heim und raffte über ein Drittel aller auf dem Kontinent lebenden Menschen dahin.

Sind nicht die kleinsten aller Lebewesen, die Mikroben und Viren, unsere letzten unbesiegten Feinde? Die Spanische Grippe, die zwischen 1918 und 1920 wütete, hat mehr Menschen getötet, als im Ersten Weltkrieg ums Leben kamen. Hätte sie nicht in der heutigen globalisierten Welt, in der Infizierte binnen Stundenfrist alle Winkel der Erde erreichen können, leichteres Spiel als je zuvor? Wenn wir in den Nachrichten verfolgen, wie eine neue Krankheit wie SARS nur mit Mühe eingedämmt werden kann: Ist es da nicht nur eine Frage der Zeit, bis eine Pandemie ohne Beispiel über den Erdball rast und uns allen den Garaus macht – und sei es, dass sie von Terroristen oder fanatischen Sektierern mutwillig ausgelöst wird?

In der Tat werden Infektionskrankheiten auch weiterhin ein Problem von globaler Bedeutung bleiben. Allerdings machen den Gesundheitsexperten weniger die aus einschlägigen Schlagzeilen bekannten Erreger wie Aids, BSE oder Ebola Sorgen, sondern die derzeit zu beobachtende Rückkehr besiegt geglaubter Seuchen wie Malaria, Tuberkulose oder Diphtherie. (Auf Aids werden wir in einem späteren Kapitel noch gesondert eingehen müssen.) In den Arsenalen der Militärs lagern zudem zu Kriegszwecken gezüchtete, extrem aggressive Erreger, und nicht immer ist ganz klar, wer alles darauf Zugriff hat und ob nicht etwas davon in falsche Hände gerät.

Eine Pandemie, also eine weltweit ausbrechende Seuche, ist durchaus etwas, das passieren kann, und wäre ohne Zweifel eine große Tragödie. Aber nach allem, was wir wissen, wäre selbst unter den schlimmsten anzunehmenden Bedingungen kein Erreger in der Lage, die gesamte Menschheit auszurotten. Epidemien in großen Populationen unterliegen nämlich bestimmten statistischen Gesetzmäßigkeiten, die bewirken, dass die Ausbreitung einer Krankheit ab einer gewissen «Durchseuchungsrate» weitgehend zum Stillstand kommt. Dass die Pest in Europa abebbte, anstatt den gesamten Kontinent zu entvölkern, ist einzig diesem Umstand zuzuschreiben, denn ein Heil- oder Gegenmittel wurde damals ja nicht gefunden. Und die Todesrate von einem Drittel entspricht etwa dem, was Medizinstatistiker als GAU einer Seuche annehmen. Ein Ende der Menschheit aber droht dadurch nicht.

Die Umwelt kollabiert endgültig

Der Himmel glüht schwefelgelb. Das Wetter spielt verrückt, bringt mal Sintfluten, mal monatelange Dürre. In den von Müll verstopften Straßen zerfallender Städte wabern giftige Dämpfe, ohne Gasmaske kann man nicht mehr aus dem Haus. Aus den Wasserhähnen tröpfelt, bestenfalls, brackiges Wasser, ungenießbar ohne Aufbereitung, die sich kaum einer noch leisten kann. Vögel gibt es keine mehr, die Ozeane sind leer gefischt und tot, die letzten Menschen fristen, geplagt von Hautausschlägen, Allergien und Strahlenkrankheiten, ein elendes Dasein, ständig auf der Jagd nach den letzten Konservendosen, weil auf den verpesteten Feldern nichts mehr wächst, jedenfalls nichts, das nicht entsetzlich mutiert wäre. Umweltgifte haben die meisten steril gemacht, und die es nicht sind, gebären verkrüppelte Kinder: Das Ende der Menschheit ist beschlossene Sache.

Steuert nicht alles unaufhaltsam darauf zu? Auf den großen Kollaps, den endgültigen Zusammenbruch aller ökologischen

Systeme? Viele meinen, der *Point of no Return* sei längst überschritten: ein paar schöne Jahre noch, ehe uns die Sünden und Versäumnisse der Vergangenheit einholen und die jetzt noch trügerisch schöne Welt den Bach runtergeht. Nun kann man beim besten Willen nicht behaupten, dass in unserer Umwelt alles zum Besten stünde. Es wird ökologisch gesündigt noch und noch, nicht selten mit einer Selbstverständlichkeit und in einem Ausmaß, dass es einen nur grausen kann. An zahlreichen Versäumnissen werden noch viele künftige Generationen zu knabbern haben.

Drastische Umweltzerstörung ist übrigens keine Erfindung unserer Zeit: Die kahlen, verkarsteten Hügel Griechenlands etwa waren einst dicht bewaldet, bis für den Bau der griechischen Flotte in antiker Zeit rücksichtsloser Raubbau betrieben und die Ökologie der Berge nachhaltig zerstört wurde – und zwar, wie man sich durch einen Blick in Reiseprospekte überzeugen kann, bis auf den heutigen Tag.

Schwer vorstellbar auch, dass Nordafrika einst die Kornkammer des Römischen Reiches war. Gar nicht zu reden von all den Tierarten, die durch Menschenhand ausgerottet wurden; die Bisonherden Nordamerikas etwa. Und als wäre nie dergleichen geschehen, hört man nicht auf, Wale zu jagen, deren Bestände nur noch wenige tausend Tiere betragen.

Doch obwohl noch vieles geschehen muss, *ist* auch schon vieles geschehen – nicht zuletzt *dank* eindringlicher Warnungen. So manche einst bedrohlichen Entwicklungen konnten gestoppt und gewendet werden. Die oft totgesagten Wälder stehen immer noch, aus Flüssen, in denen man vor dreißig Jahren nicht zu baden gewagt hätte, kann man heute wieder trinken, die Luftverschmutzung nimmt in fast allen Industrieländern seit Jahrzehnten kontinuierlich ab und so weiter. Vor allem hat sich ein deutlich gewachsenes Umweltbewusstsein im Alltag etabliert. Dass Umweltfragen heute zum politischen Themenrepertoire gehören, als sei es nie anders gewesen, ist vielleicht die wichtigste Veränderung überhaupt.

Wir werden in den kommenden Kapiteln auf zahlreiche zu diesem Bereich gehörende Themen genauer zu sprechen kommen, insbesondere solche, die im Zusammenhang mit der Entwicklung der Weltbevölkerung stehen. Doch auch wenn zahllose Schreckensszenarien ausgemalt und sogar datiert worden sind, kann man mit Recht sagen, dass kein einziges davon eingetreten ist: Ein Weltuntergang steht nicht bevor.

Es ist legitim, vor Gefahren zu warnen, und es ist wirkungsvoll, die möglichen Folgen einer falschen Entwicklung deutlich auszumalen. Doch es bringt nichts zu übertreiben. Einen Weltuntergang an die Wand zu malen, einen unabwendbaren gar, ist erstens ziemlich sicher falsch und trägt zweitens nicht das Geringste zur Lösung der Probleme bei, im Gegenteil: Es lähmt nur, wo entschieden gehandelt werden muss.

Eine unangreifbare Diktatur entsteht und hält die Menschheit bis ans Ende aller Tage in Knechtschaft

Seien es die Kapitalisten, die Kommunisten, die Faschisten, die Freimaurer, die Illuminaten, der «militärisch-industrielle Komplex», die «jüdischen Bankiers», der «Skull & Bones-Orden» oder sonst eine mehr oder minder geheimnisumwitterte Gruppierung, das Muster ist immer dasselbe: Eine unangreifbare, abgeschlossene Elite gelangt in den Besitz überlegener Machtmittel und degradiert den Rest der Menschheit zu Sklaven. Künftig wird uns dann schon bei der Geburt ein Chip eingepflanzt, über den wir kontrollierbar sind. Drogen, Strahlen oder hypnotisch wirksame Massenmedien brechen unseren Willen. Die Massen erwartet ein stumpfsinniges Dasein in elendster Armut, in dem sie tagaus, tagein schuften, bis sie ein früher Tod dahinrafft, während die Elite in exklusiver Abgeschiedenheit ein Luxusleben in Saus und Braus führt.

Selbst ein kurzer Blick in die Geschichte zeigt, dass die Menschheit Anfang des 21. Jahrhunderts weiter von diesem Szenario entfernt ist als je zuvor. Noch nie waren die Zeiten für Diktatoren und absolutistische Herrscher so schlecht wie heute. Dass das Recht, über andere zu herrschen, ein von Gott gegebenes ist, glaubt heute wahrscheinlich niemand mehr im Ernst. Konnte ein Gewaltherrscher in der ersten Hälfte des 20. Jahrhunderts noch erwarten, wenn schon nicht eine Dynastie zu begründen, so doch wenigstens bis ans Ende seiner Tage an der Macht zu bleiben, lösten sich Zwangsregimes in den letzten Jahrzehnten bisweilen über Nacht auf und wurden Despoten schneller gestürzt, als man fassen konnte. Und anstatt Exdiktatoren an Laternenmasten aufzuknüpfen, werden sie immer öfter wie normale Menschen vor Gericht gestellt und für ihre Taten zur Verantwortung gezogen. Die Könige und Königinnen alten Geblütes haben nur überlebt, weil sie rechtzeitig aller Macht entsagten und sich damit begnügten, ihr Dasein zum Gaudium des Volkes als eine Art opulent ausgestatteter permanenter Soap-Opera zu inszenieren. Selbst die Medien beugen sich dem (schlechten) Geschmack der Massen und dem Diktat der Quote anstatt umgekehrt – auf ihr Publikum einwirken wollen eigentlich nur noch die Produzenten ernster Kultursendungen.

Nun ist es das Wesen geheimer Verschwörungen, geheim zu sein, sodass es unmöglich ist, mit Sicherheit festzustellen, dass keine geheime Elite «hinter alldem» existiert. Doch selbst wenn: Unabänderlich gilt, dass Menschen durch Macht korrumpiert werden und dass absolute Macht absolut korrumpiert – jede herrschende Kaste trüge deshalb den Keim ihres eigenen unausweichlichen Zerfalls von Anfang an in sich. Sollte der im vorherigen Absatz beschriebene Trend – denn wie wir noch sehen werden, ist es nur das: ein Trend – eines Tages kippen und eine globale Diktatur im Stile von George Orwells «1984» entstehen, wäre auch das trotzdem nur eine – freilich schlimme – Epoche, nicht aber das Ende der Welt.

Die Psychologie von Unheilsprophezeiungen

Nun genießen Unheilspropheten den Vorteil, dass sie, sollte das vorhergesagte Unheil nicht eintreten, immer noch behaupten können, ihre Warnungen hätten es verhindert. Interessanterweise tun das viele aber gar nicht, sondern beharren darauf, dass letztendlich alles in der Katastrophe enden werde, selbst wenn alle momentan wahrzunehmenden Zeichen auf das Gegenteil hindeuten.

Mit anderen Worten: Im Grunde *hätten sie es gern*, dass die Welt untergeht.

Warum? Anders als man das vermuten würde, ist die Erwartung des nahen Weltendes keine Vorstellung, die vor allem unter Armen und Verzweifelten umgeht, sondern im Gegenteil ein ausgesprochenes Wohlstandsphänomen: Je besser es heutzutage einer Bevölkerung materiell geht, desto verbreiteter sind apokalyptische Befürchtungen.

Psychologen interpretieren das so, dass die Vorstellung eines unabwendbaren Weltuntergangs eine höchst praktische Möglichkeit ist, das schlechte Gewissen zu beschwichtigen, das einen plagen mag ob der Tatsache, dass es einem selbst gut geht und vielen anderen nicht. Höchst praktisch deshalb, weil diese Vorstellung keinerlei Konsequenzen fordert: Wenn die Welt untergeht, dann ist eh alles egal – mit anderen Worten, man kann so weiterleben wie bisher.

Aber vielleicht steckt hinter der Phantasie vom Weltuntergang auch eine noch viel größere, uneingestandene Angst: die nämlich, dass er *ausbleiben* könnte. Das hieße nämlich, dass man selbst sterben und der Rest der Welt ohne einen weitermachen wird, genau wie bisher auch – und diese Vorstellung ist vielleicht mehr, als manche ertragen können.

Ein Schnellkurs in Hellsehen

Wenn also mit dem Weltuntergang nicht zu rechnen ist, was erwartet uns stattdessen? Steht am Ende alles längst zum Besten, und erfüllen sich in der Zukunft womöglich endlich die Verheißungen der modernen Technik, uns eine wahrhaft wunderbare Welt zu bescheren?

Das nun auch wieder nicht. Sage ich jetzt einfach mal so, als jemand, der vergebens auf seinen atomgetriebenen Hubschrauber gewartet hat. Nicht weil die Zukunft in irgendeiner Weise gezwungen wäre, ihren Weg irgendwo zwischen diesen Extremen zu nehmen. Das ist sie nicht. Aber wenn man sich längere Zeit damit beschäftigt, ältere Vorhersagen zu vergleichen mit dem, wie es später tatsächlich gekommen ist, fällt einem vor allem eines auf: Die meisten Geschichten über die Zukunft sind schrecklich *simpel.*

Ein Weltuntergang beispielsweise: Die simpelste Sache der Welt. Alles endet, und fertig. Aufgeräumt. Der Herausforderung an die eigene Phantasie, wie es mit der Welt weitergehen könnte, muss man sich nicht mehr stellen.

Die meisten anderen Zukunftsvisionen sind auch nicht viel durchdachter. Da wird ein Trend hergenommen, irgendeine Entwicklung, die gerade Schlagzeilen macht oder sonst wie Aufmerksamkeit erregt, das Ganze geistlos hochgerechnet, und *zack!*, fertig ist die Zukunft. Dauert keine fünf Minuten, kann jeder Depp, und heraus kommt fast immer hanebüchener Blödsinn.

Warum eigentlich, anbei gefragt?

Der Mann, der noch nie von Ebbe und Flut gehört hatte

Stellen wir uns jemanden vor, der zum ersten Mal im Leben ans Meer kommt und noch nie etwas von Ebbe und Flut gehört hat. Er geht neugierig am Strand spazieren, atmet die salzige Luft, schaut fasziniert in die endlose Weite – und bemerkt plötzlich, dass das Wasser ansteigt! Ganz langsam, aber unaufhaltsam arbeitet es sich immer weiter den Strand hinauf! Beunruhigt zückt er Uhr, Notizblock und Messstab und unterzieht das Phänomen einer exakten Untersuchung.

Nach einer Stunde hat er unwiderlegbare Messungen, die beweisen, dass der Meeresspiegel konstant ansteigt. Sein Blick geht die Küstenlinie hoch. Er schätzt die Höhe der Felsen, rechnet das Ganze überschlägig durch, und kurz darauf sieht man ihn durch das nahe Fischerdorf eilen und Alarm rufen: Das Meer steige, spätestens in den Abendstunden werde es den Ort überspülen, und morgen früh werde er völlig untergegangen sein.

Wird dieser Mann ausgelacht werden? Unter Garantie. Er hat genau das gemacht, wovon eben die Rede war: Er hat einen Trend entdeckt – das Ansteigen des Meeresspiegels – und diesen Trend einfach hurtig fortgeschrieben, ohne sich zu fragen, was ihn hervorbringt und was für Gesetzmäßigkeiten dafür gelten.

Ein *Trend* sagt an sich nämlich überhaupt nichts aus. Er ist immer nur das *augenblickliche Resultat* von etwas – von Kräften, die hinter den Kulissen wirken. Ihm eine eigene Bedeutung beizumessen ist ungefähr so vernünftig wie zu glauben, dass es die hin und her peitschenden Äste der Bäume sind, die den Wind erzeugen.

Trotzdem entstehen auf genau diese Weise viele sensationelle, vor Adrenalin geradezu triefende Schlagzeilen. «Europa geht der Versteppung entgegen» titelte eine Zeitung nach dem extrem trockenen Sommer 1947 und argwöhnte, die Atombombentests seien schuld daran. Im Jahr darauf war der Sommer verregnet, und schon folgten Schlagzeilen wie: «Drohende Versumpfung Europas». Und wieder war angeblich die Atombombe schuld.

Der Blick hinter die Kulissen

So also nicht. Wenn man ein bisschen nachdenkt darüber, wie man über die Zukunft nachdenkt, kommt man rasch zu dem Schluss, dass man schon ein bisschen tiefer schürfen muss.

Doch das muss man immer, wenn man Geschichten erzählt. Es genügt nicht, hübsche Impressionen aneinander zu reihen. Alle guten Geschichten zeichnen sich dadurch aus, dass hinter dem, was erzählt wird, weitere Ebenen spürbar sind, und dass alles, was geschieht, auf mehr oder weniger geheimnisvolle Weise miteinander verknüpft ist.

Wenn man nur hinter die Kulissen sehen könnte …!

Ich entsinne mich eines lange zurückliegenden Besuchs in einem Freilufttheater. Die Vorstellung war ausverkauft, und ich musste mit einem Notplatz vorlieb nehmen, der so weit außen lag, dass ich nicht nur das Geschehen auf der Bühne im Blick hatte, sondern auch sehen konnte, was sich hinter den Kulissen abspielte – wer sich in welches Kostüm warf, wer hinter welcher Tür Aufstellung nahm, um auf das Stichwort zu warten, hinauszutreten. Dadurch wurden natürlich viele Pointen des Stückes vorhersehbar und verloren ihren Witz, und für einen Theaterbesuch ist so etwas sicherlich nicht empfehlenswert. Aber was den Blick in die Zukunft anbelangt, wäre das doch die ideale Position, oder?

Leider ist die Unterteilung eines Theaters künstlich. Im wirklichen Leben ist es nicht immer möglich, auszumachen, was überhaupt Kulisse ist und was Bühne. Wenn wir meinen, hinter die Kulissen zu schauen, kann es gut sein, dass wir nur eine weitere Bühne sehen und nicht merken, dass sich dahinter noch weitere Kulissen verbergen.

Um noch einmal auf das Beispiel von Ebbe und Flut zurückzugreifen: Angenommen, der Mann wäre nicht gleich in Panik ausgebrochen, sondern hätte länger gewartet und weiter seine Messungen gemacht. Dann hätte er irgendwann festgestellt, dass der Wasserspiegel wieder sinkt. «Aha», hätte er sich gesagt, «interessant. Es scheint sich um eine zyklische Bewegung zu handeln. Womöglich geht das schon seit langem so! Ich verstehe – deshalb hat man das Dorf weiter oben am Hang errichtet!»

Doch erinnern wir uns, dass dies sein erster Kontakt mit dem Meer ist. Er kann den Wasserstand messen, solange er will, er wird daraus nie erfahren, dass es auch solche Dinge wie einen *Tsunami* gibt: eine seismische Woge, die durch ein unterseeisches Beben erzeugt wird und durchaus in der Lage ist, das Dorf zu vernichten.

Die Welt ist zu komplex, als dass wir hoffen könnten, sie je in den Griff zu kriegen.

Was uns nicht davon abbringen wird, weiterhin Geschichten über die Zukunft zu erzählen.

Die Gefahren langsamer Veränderungen

Dass der Anschlag auf das *World Trade Center* vom 11. September 2001 ein bedeutsames geschichtliches Ereignis war und schwerwiegende Folgen haben würde, war wohl jedem auf Anhieb klar. Wir mögen solche plötzlichen Umbrüche nicht immer vorhersehen, doch wenn sie passieren, erkennen wir ihre Bedeutung im Allgemeinen relativ leicht.

Anders ist es mit Veränderungen, die sich sehr langsam vollziehen, sozusagen schleichend. Wir tun uns oft schwer damit, wahrzunehmen, dass sich *überhaupt* etwas ändert, und wenn wir es wahrnehmen, können wir die Bedeutung dieser Veränderung oft nicht richtig einschätzen. Es scheint eine typisch menschliche Eigenschaft zu sein, dass wir uns an fast alles gewöhnen, wenn wir nur genug Zeit dafür haben und die Umstellung nur langsam genug vonstatten geht.

Als ich in jungen Jahren zum ersten Mal etwas über die Geschichte des Dritten Reichs und den Holocaust erfuhr, habe ich mich, ganz naiv, gefragt, warum die Menschen, die das Regime verfolgte und später tötete, nicht alle geflohen sind, solange es noch möglich war – und es war ja noch lange Zeit möglich.

Natürlich, es gab ernst zu nehmende Hindernisse. Man durfte kein Geld mitnehmen. Viele beherrschten keine Fremdsprachen, hatten keine Kontakte im Ausland. Und viele Länder weigerten sich, Flüchtlinge aus Deutschland aufzunehmen.

Doch wenn es ums nackte Überleben geht …?, fragte ich mich, immer noch naiv, auch in der Schule noch.

Erst anhand von Erzählungen einzelner Schicksale konnte ich auf einmal nachvollziehen, warum viele, die hätten fliehen können, so lange – oft *zu* lange – geblieben sind. Ich habe begriffen, wie schwer es ist, einen solch schwerwiegenden Entschluss zu fassen, wenn die Eskalation der Verfolgung langsam genug vor sich geht. Wie man sich Ereignisse schönredet, einfach weil man an seiner Heimat hängt, an Freunden und Nachbarn. Überfälle auf jüdische Geschäfte? Mag sein, aber woanders, in der Provinz. Einzelfälle. Aufgebauscht. Ein weiteres diskriminierendes Verbot? Damit ließ sich doch leben. Einen gelben Stern tragen? Na ja, wenn es denn sein musste. Die einzelnen Schritte waren tückischerweise so klein, dass *für sich genommen* keiner von ihnen einen so drastischen Schritt wie eine Flucht ins Ungewisse rechtfertigte.

Ich musste mich nach dieser Lektüre fragen, ob ich selber, wäre ich ein deutscher Jude in den dreißiger Jahren gewesen, rechtzeitig gemerkt hätte, worauf alles hinauslaufen würde. Ich fürchte, eher nicht. Dass jemand so etwas Wahnwitziges wie den Holocaust ernsthaft planen könnte, wäre mir vermutlich zu unglaubwürdig vorgekommen.

Was uns an der Zukunft so interessiert

Wenn der Job eines Hellsehers so schwierig ist (und auf einige Probleme, die ihn noch schwieriger machen, werde ich erst weiter hinten im Buch zu sprechen kommen), muss die Frage erlaubt sein, ob es nicht Zeitverschwendung ist, überhaupt über die Zukunft nachzudenken.

Könnte man leben, ohne sich je Gedanken über die Zukunft zu machen? Könnte man sein Leben glücklich und zufrieden verbringen, ohne sich jemals zu fragen, was an Ereignissen und Entwicklungen, an Überraschungen und Schicksalsschlägen kommen mag?

Hin und wieder liest man Geschichten von Naturvölkern, die ein von unserem so gänzlich verschiedenes Zeitempfinden haben sollen, dass man ihre Angehörigen beispielsweise nicht ins Gefängnis stecken kann: Sie sind außerstande zu begreifen, dass sie nach Ablauf einer gewissen Zeit wieder frei sein werden, und begehen aus Verzweiflung über ihre Lage Selbstmord.

Ohne Zweifel lebt man glücklicher, wenn man sich nicht von Befürchtungen möglichen kommenden Unheils die Laune vermiesen lässt. Wenn man sich nicht von der vagen Erwartung, «irgendwann irgendwie erlöst» zu werden, über eine gegenwärtig missliche Lage hinwegtrösten lässt, wird man eher zu dem Entschluss kommen, etwas daran ändern zu wollen. Doch ganz ohne einen Blick in die Zukunft zu leben ist schwer vorstellbar und nicht ratsam, denn viele Entscheidungen können sinnvoll nur aufgrund von Annahmen über zukünftige Gegebenheiten getroffen werden.

Vergleichen wir das Ganze mit einer Autofahrt. Der Teil der Strecke, der hinter uns liegt, ist Erinnerung. Egal, ob es Erinnerungen an schöne Landschaften oder beeindruckende Sehenswürdigkeiten sind oder an Staus oder gefährliche Situationen, sie sind auf jeden Fall vorbei, geschehen und nicht um ein Jota mehr zu ändern. Ändern können wir allenfalls den Teil der Strecke, der noch vor uns liegt: Wir können heikle Punkte umfahren oder uns ihnen zumindest mit gebotener Vorsicht nähern – vorausgesetzt, uns steht ein Vorwarnsystem zur Verfügung, das uns rechtzeitig darauf aufmerksam macht. Wir können diese oder jene Route fahren, schnell oder langsam, hier oder da Rast machen und interessante Dinge sehen – wobei es vorteilhaft ist, wenn wir einen Reiseführer haben, der uns vorab verrät, welche Straßen wohin führen, wo die interessanten Dinge zu finden sind und wo sich eine Rast besonders lohnt.

In gewisser Weise ist dies ein Reiseführer in die Zukunft. Bloß: Während normale Reiseführer Länder beschreiben, in die man reisen kann oder auch nicht, hat man, was die Zukunft anbelangt, keine Wahl. Wir sind alle dahin unterwegs, und im besten Fall können wir die Route beeinflussen, die wir nehmen – aussteigen, anhalten und da bleiben, wo wir sind, können wir dagegen nicht.

Und welche Route ist die beste? Wie sieht es überhaupt aus in diesem Land, das «Zukunft» heißt? Das ist schwer zu sagen, denn es war noch niemand dort. Die Zukunft ist ein unbekanntes Land, das wir alle im gleichen Moment betreten. Notgedrungen beruht alles, was über sie gesagt wird, auf Beobachtungen aus der Ferne, niedergeschrieben, während wir noch unterwegs sind. Dieses helle Glitzern am Horizont – ist es ein Steppenbrand? Eine goldene Stadt? Oder etwas ganz anderes?

Sicher wissen werden wir es erst, wenn wir da sind. Alles, was wir vorher tun können, ist, ein wenig zu schnuppern, ob es nach Rauch riecht.

Wie wir leben werden

Gehen wir es also an. Recherchieren wir für die Geschichte der Zukunft. Wie werden wir leben? Wo und wie werden wir wohnen, was werden wir essen, wie und was werden wir arbeiten? Wie werden die Gesellschaft, die Familien, die Beziehungen in Zukunft aussehen?

Und: Welche Gefahren drohen uns?

All diese Dinge werden – abgesehen davon, dass wir in vielem die Möglichkeit haben, eine Wahl zu treffen – vor allem das *Resultat* künftiger Veränderungen sein. Was aber sind deren *Ursachen*?

Unwillkürlich erwarten wir, dass unsere Zukunft hauptsächlich von neuen Entwicklungen der Technik und neuen Entdeckungen der Naturwissenschaften geprägt sein wird. Haben nicht das Handy und das Internet die Art und Weise unseres Zusammenlebens, unsere Art zu kommunizieren und unsere Beziehungen zu anderen Menschen drastisch beeinflusst? Hat nicht die Erfindung der Atombombe die Weltpolitik grundlegend geändert, womöglich sogar unser Verhältnis zu Krieg und Frieden? Hat nicht die Erfindung des PC unsere gesamte Arbeitswelt revolutioniert?

Wir werden uns also fragen müssen, welche neuen Erfindungen in der Luft liegen und wie sie unsere Zukunft, unser Leben beeinflussen werden. Doch es wird sich zeigen, dass das bei weitem nicht die einzigen Kräfte sind, die in dem Spiel mitspielen, aus dem unsere Zukunft entsteht. Es gibt darüber hinaus noch andere, weitaus mächtigere Faktoren, die keineswegs im Verborgenen wirken, aber so groß oder so langsam sind, dass wir sie mit ungeschultem Auge praktisch nicht wahrnehmen.

Doch der Reihe nach. Nehmen wir uns zunächst die Technik vor. Da eine Geschichte möglichst einen fesselnden Einstieg aufweisen sollte, beginnen wir mit der zurzeit heißesten Sache der Welt, der Nanotechnologie.

Nano: Ganz viel Platz im Allerkleinsten?

Alles begann mit einem launigen Vortrag, den der spätere Physiknobelpreisträger Richard Feynman am 29. Dezember 1959 auf der Tagung der Amerikanischen Physikalischen Gesellschaft in Pasadena hielt. Der Vortrag trug den Titel «There's Plenty of Room at the Bottom», was auf Deutsch ungefähr so viel heißt wie «Ganz unten hat's noch jede Menge Platz», und war trotz eines eher humorigen Tonfalls Vision pur: Innerhalb von nicht einmal einer Stunde skizzierte Feynman die grundlegenden Techniken, Prinzipien und Entwicklungsrichtungen, der die Nanotechnologie bis auf den heutigen Tag folgt.

Der Weg ins Allerkleinste

Feynman ging von der Frage aus, ob es physikalisch prinzipiell möglich sei, sämtliche Seiten der damals 24 dicke Bände umfassenden *Encyclopædia Britannica* auf der Fläche eines Stecknadelkopfes abzubilden. Heutzutage sind wir schon so an Miniaturisierung gewöhnt, dass wir uns wundern, wie man bezweifeln kann, dass das geht, aber man darf nicht vergessen, dass in der damaligen Zeit Armbanduhren so ziemlich das Filigranste waren, was es gab: Elektronenrechner waren Maschinen so groß wie Doppelgaragen, und selbst simple Addiermaschinen musste man im Koffer transportieren.

Es geht also, zu keinem anderen Schluss kam auch Feynman. Doch was, fragt er weiter, wenn wir Buchseiten nicht einfach *abbilden*, sondern den Text *codieren* – ihn in Bits darstellen und jede 1 durch ein Atom des einen, jede 0 durch ein Atom eines anderen Metalls darstellen? Auf diese Weise, rechnet er vor, ließen sich die Texte sämtlicher Bücher, die je geschrieben wurden, problemlos in einem Würfel von 0,1 mm Kantenlänge unterbringen.

Jede Menge Platz da unten, wie gesagt.

Im weiteren Verlauf seines Vortrags entwirft er mögliche Verbesserungen von Elektronenmikroskopen, erörtert Möglichkeiten zur Miniaturisierung von Computern (wobei er Herstellungsverfahren andachte, wie sie später in der Produktion von Mikrochips tatsächlich Anwendung finden sollten, das Aufdampfen beispielsweise) und beschreitet schließlich den Weg in die Miniaturisierung mit folgender Vorstellung: Was, fragt er, wenn man elektrisch fernsteuerbare Greifhände herstellte, wie sie im Umgang mit radioaktiven Materialien üblich sind, sie aber so konstruierte, dass sie alle Bewegungen im Maßstab 4:1 *verkleinerten*? Mit Hilfe solcher Greifhände könnte man dann wiederum *neue* Greifhände bauen, die alle Bewegungen *noch einmal* um den Faktor 4 verkleinerten, womit man schon den Faktor 16:1 erreicht hätte. Was hindert einen daran, immer so weiterzumachen?

Nun, es gibt durchaus Dinge, die einen daran hindern. Feynman erörtert in aus heutiger Sicht erstaunlich hellsichtiger Weise, was sich verändert, wenn man auf der Größenskala tiefer geht. Nicht alle Verhältnisse ändern sich proportional – in der Welt des Allerkleinsten gelten teilweise andere Gesetze, als wir es gewohnt sind. So nebenbei nimmt Feynman dabei ein ganzes Arsenal technischer Verfahren vorweg, die Jahrzehnte später – heute – etabliert sind: der Einsatz von Elektronen- oder Ionenstrahlen als Produktionswerkzeug, die Präge-Lithographie, die Quanteneffekt-Elektronik oder die Molekularstrahl-Epitaxie, ein 1968 entwickeltes Verfahren, um nur wenige Atomlagen dicke kristalline Schichten herzustellen.

Schließlich gelangt Feynman «ganz unten» an. Könnte man nicht, fragt er sich, *die Atome selbst* manipulieren – sie direkt in die Positionen bringen, in denen man sie haben will? Physikalisch, sagt er, spricht nichts dagegen.

Und damit betreten wir das Reich der Nanotechnologie, benannt nach dem Nanometer, dem Milliardstel eines Meters, was ungefähr der Raum ist, den ein Atom einnimmt. In diesem Reich verlieren Abgrenzungen zwischen Physik, Chemie, Biologie und Medizin ihre Bedeutung: Anstatt Werkstoffe aufwendig aus Erzen zu extrahieren, anstatt chemische Verbindungen durch Mischen, Rühren und Katalysieren herzustellen, anstatt komplizierte Enzyme durch Zerkleinern von Pflanzenbestandteilen zu gewinnen, könnten wir – wenn wir herausfinden, wie – einfach die gewünschten Atome an die gewünschten Positionen befördern, und voilà: Das Enzym, die chemische Verbindung, der neue Werkstoff stände zur Verfügung.

Und natürlich müssten wir uns nicht damit begnügen, das bereits Bekannte nachzubauen. Wie schon Feynman vermutete und sich heute bestätigt, ergeben sich, wenn man direkten Einfluss auf Atomanordnungen nehmen kann, ganz neue, bislang unbekannte Möglichkeiten, lassen sich Werkstoffe mit völlig neuartigen Eigenschaften erzeugen.

So ungefähr das Einzige übrigens, was Feynman in der Nanotechnologie *nicht* vorausgesehen hat, ist ihr Name: Der Begriff wurde erst 1974 von Norio Taniguchi geprägt, und zwar als Bezeichnung für alle Herstellungsverfahren mit Abweichungen von weniger als einem Mikrometer.

Geht es, anbei gefragt, eigentlich *noch* tiefer hinab? Theoretisch ja; jedes Atom besteht schließlich wiederum aus Elementarteilchen. Wenn man wüsste, wie, könnte man aus dem Kern eines Quecksilberatoms ein Proton entfernen und aus seiner Hülle ein Elektron und erhielte ein Goldatom. Doch abgesehen von den brachialen Methoden, die in Teilchenbeschleunigern zum Einsatz kommen, haben wir keinen Ansatz, wie so etwas gehen könnte. Die Kräfte innerhalb eines Atoms sind von einem ganz anderen Kaliber als die Kräfte *zwischen* den Atomen. Bis auf weiteres dürfte daher beim Nanometer Schluss sein.

Was auch nicht weiter tragisch ist. Denn wie Feynman ganz richtig sagte: Da unten ist eine *Menge* Platz.

«Ladies and Gentlemen – Nanotechnology!»

In den folgenden Jahrzehnten war die Technologie des Allerkleinsten erst einmal etwas für Insider. Bis 1986 ein gewisser K. Eric Drexler ein Buch mit dem Titel «Engines of Creation» (deutsch etwa: «Maschinen der Schöpfung») veröffentlichte und der Nanotechnologie damit Popstar-Status verschaffte.

Drexlers ebenso verblüffender wie einleuchtender Ansatz ist folgende Überlegung: Unsere Technologie, etwas herzustellen, beruht vereinfacht gesagt auf unseren seit den Anfängen der Menschheit stetig wachsenden Fähigkeiten, *Atome zu manipulieren*. Ein Stück Feuerstein gegen ein anderes zu schlagen ist eine vergleichsweise grobe Methode, die große Mengen Atome auf einmal betrifft. Die Arbeit eines Uhrmachers, der ein Zahnrad zurechtfeilt, manipuliert schon wesentlich weniger Atome auf einmal und dies zudem weitaus überlegter. So gesehen, ist Nanotechnologie nichts als die konsequente Fortsetzung einer seit langem andauernden technischen Entwicklung.

Ein Stück Kohle und ein Diamant unterscheiden sich auf atomarer Ebene nur minimal: dieselben Atome, dieselbe kristalline Anordnung – beim Diamanten sitzen die Atome einfach nur enger aufeinander. Ein Eimer Sand und ein Computerchip: dieselben Atome, nur sind sie im Chip sehr präzise und nach einem ausgeklügelten Schema zusammengefügt, während sie im Sandeimer wahllos durcheinander liegen. Und auch der Unterschied zwischen einem schönen Haus und einem Haufen stinkender Asche besteht letztendlich nur in der Anordnung der Atome.

Gut, mag man an der Stelle sagen, zweifellos wäre es eine hübsche Sache, auf die Anordnung von Atomen ein bisschen mehr Einfluss zu haben – aber wer sagt uns, dass das technisch überhaupt geht? Diese Diskussion, sagt Drexler, brauchen wir nicht zu führen, denn die Frage, ob es so etwas wie Nanomaschinen überhaupt geben kann, winzige Maschinen also, die mit Molekülen und Atomen direkt hantieren, ist längst entschieden: Jede Zelle ist nichts anderes, und jeder Mensch besteht aus über dreißig Billionen davon. Ein Samenkorn, das zu einem Löwenzahn oder einem Radieschen heranwächst: nichts anderes als ein Konglomerat von Nanomaschinen, die Luft, Wasser und Mineralien aus der Erde in neue Nanomaschinen, sprich Zellen, umwandeln.

Mit anderen Worten: Es geht. Bewiesen. Die Natur tut es seit Jahrmilliarden, und unter anderem wir sind das Ergebnis.

Diese Analogie hatte übrigens auch Feynman schon gesehen. Was Drexler neu hinzufügt, ist der bestechende Vorschlag, sich der bereits existierenden Zellen zu bedienen (die er «Proteinmaschinen» nennt) und sie dahingehend zu steuern, *neue* Nanomaschinen hervorzubringen – Maschinen, die imstande sein sollten, auch andere Materialien zu handhaben, die Dinge aus Metall, Keramik oder Plastik bauen können. Sehr *kleine* Dinge natürlich. Neue Werkzeuge nämlich.

Drexlers Idee ist ohne Zweifel von dem *Bootstrapping* genannten Verfahren inspiriert, das bei der Entwicklung von Compilern verwendet wird und das es erlaubt, den Compiler einer neuen Computersprache in ebendieser Sprache selbst zu schreiben. Doch darüber hinaus folgt er damit einer seit Jahrtausenden erprobten und bewährten Methode: Schon immer haben Menschen primitive Werkzeuge benutzt, um bessere Werkzeuge herzustellen, mit denen sich wiederum *noch* bessere Werkzeuge herstellen ließen und so fort. Von den modernen Mikromanipulatoren führt ein langer, aber durchgehender Entwicklungspfad bis zurück zu den ersten Faustkeilen.

Was wäre aber nun, wenn man Werkstoffe oder Geräte mit einer Präzision herstellen könnte, die einzelne Atome und Moleküle umfasst? Zum Beispiel würden nicht nur heute noch unvorstellbare Passgenauigkeiten erzielt werden, es wäre überdies – sozusagen als angenehmer Nebeneffekt – eine absolut saubere Produktionsweise. Gemäß der Devise, dass «Dreck nur Materie am falschen Platz» ist, würde selbstverständlich jedes nicht benötigte Atom sorgsam für weitere Verwendung aufbewahrt werden. Eine Belastung von Abluft oder Abgasen mit Schadstoffen würde der Vergangenheit angehören.

Neuartige Werkstoffe

Auf den ersten Blick wundert man sich, wieso durch die Manipulation von Atomen eigentlich Werkstoffe mit neuen Eigenschaften zustande kommen sollen. Schließlich, Gold bleibt Gold, Kupfer ist Kupfer, egal, ob man es gießt oder Atom für Atom zusammenpuzzelt, oder?

Doch tatsächlich haben Materialien, die für unser Auge und unseren Tastsinn homogen wirken, oft ein erstaunlich kompliziertes Innenleben. Ein Beispiel, an dem kein Student vorbeikommt, der irgendetwas in Richtung Maschinenbau studiert, ist Stahl. Ein Stück Stahl besteht aus einer Vielzahl verschieden großer und wild durcheinander angeordneter «Körner», das sind kristalline Strukturen, die jede für sich weitaus widerstandsfähiger sind als das Werkstück als Ganzes: Wenn Stahl unter Belastung bricht, bricht er immer an den Grenzlinien *zwischen* diesen Kristallen. Nur in der Schwerelosigkeit kann man Stahl herstellen, der aus einem einzigen Kristall besteht: Der weist dann geradezu unglaubliche Festigkeitswerte auf.

Doch selbst das verblasst neben den Eigenschaften nanotechnisch hergestellter Werkstoffe. 1991 entdeckte der japanische Physiker Sumio Iijima mehr oder weniger zufällig sehr feine, aber sehr lange Makromoleküle aus reinem Kohlenstoff, die inzwischen als *Nanoröhren* bekannt sind. Es handelt sich tatsächlich um Röhren, deren Wand aus einer Schicht von Kohlenstoffatomen besteht, die darin ähnlich angeordnet sind wie in einem Diamanten.

Die Eigenschaften von Nanoröhren klingen wie Science-Fiction: Sie sind nur halb so dicht wie das leichteste Metall, Aluminium, aber trotzdem zwanzigmal zugfester als selbst hochfesteste Stahllegierungen, tausendmal leitfähiger als Kupfer, doppelt so wärmeleitend wie der beste Wärmeleiter, Diamant, und obendrein enorm verformbar und wärmestabil.

Bereits jetzt kommen Nanoröhren in verbesserten Rasterelektronenmikroskopen zum Einsatz. Über Anwendungsmöglichkeiten in anderen Bereichen wird nachgedacht, etwa als genetische Sonden, Speicherelemente in speziellen Computerchips, als Nanopinzetten oder hyperempfindliche Sensoren. Ob sie jemals in nennenswertem Umfang als superfeste Materialien – phantasiert wird von sich nach einem Zusammenprall von selbst ausbeulenden Autokarosserien, von erdbebensicheren Gebäuden und dergleichen – Eingang in den Alltag finden, wird stark von etwas ganz Banalem abhängen: dem Preis. Im Augenblick kosten Nanoröhren noch hundertfünfzigmal so viel wie reines Gold.

Ein U-Boot in der Blutbahn

Die Phantasie der Nano-Ingenieure geht aber noch weiter. Seit ein gewisser Donald M. Eigler 1989 einzelne Atome so anordnete, dass man im Rastertunnelmikroskop das Wort «IBM» lesen konnte, sind verschiedenste Bauelemente aus einzelnen Atomen konstruiert worden, nicht zuletzt sogar winzige Elektromotoren.

Könnte man nicht, so die Vorstellung, winzigste Roboter bauen, die zu Hunderttausenden im Blutstrom mitschwimmen, gefährliche Ablagerungen von den Gefäßwänden absaugen, Krankheitserreger ausschalten, gezielt auf Tumorzellen losgehen und allgemein reparieren, was nicht mehr in Ordnung ist? Rückt womöglich auf diesem Wege ewige Jugend in den Bereich des Machbaren?

Auch in bescheidenerem Maßstab wird über den Einsatz von Nanotechnologie im medizinischen Bereich nachgedacht. Oberflächen im Nanometermaßstab gestalten zu können könnte der Schlüssel zum Bau beständigerer und besser verträglicher Implantate sein. Nanohülsen könnten dazu dienen, Wirkstoffe gezielt an bestimmte Stellen zu dirigieren, anstatt sie wie bisher im gesamten Körper zu verteilen und damit Nebenwirkungen herauszufordern.

Die Universalfabrik: Der Nanoassembler

Doch noch ist es enorm aufwendig, solche winzigen Strukturen herzustellen. Große Geräte sind nötig und viel Geschick obendrein, um Atome zu Dingen zusammenzusetzen, die kleiner sind als alles, was das bloße Auge sehen kann. Das macht sie auch so teuer.

Wirklich interessant würde es erst, wenn man für Arbeiten im Nanometerbereich Werkzeuge zur Verfügung hätte, die ihrerseits nicht größer sind – sozusagen nanometergroße Endstücke jener elektrischen Greifarme, die Feynman vorschwebten. Und perfekt wäre es, wenn man die damit auszuführenden Greifbewegungen automatisieren könnte; wenn man also nanometergroße Maschinen hätte, die imstande wären, nanometergroße Dinge zu bauen.

Mit anderen Worten: eine Nanofabrik.

Dann würden die Prozesse weitgehend automatisch ablaufen. Nanometergroße Strukturen würden die benötigten Atome am einen Ende aufnehmen, sie über andere Strukturen hinweg an die gewünschten Stellen befördern und dort gemäß einem einprogrammierbaren Bauplan zusammensetzen. Zu was auch immer: einer langen Nanoröhre, einem Impfstoff, einem Diamanten, einem Mikrochip, einem Buttermesser, einer Kopie der blauen Mauritius-Briefmarke oder einem Hosenknopf. Alles, was aus Atomen besteht, kann gebaut werden. Und da bekanntlich *alles* aus Atomen besteht, heißt das, man kann mit einem solchen Gerät – *Nanoassembler* genannt, abgeleitet von dem Wort «assemblieren», zusammensetzen – einfach alles herstellen. Der Nanoassembler ist das endgültige Werkzeug, die Universalfabrik schlechthin.

Kontrolle über die Materie: Selbstreplikation

Allerdings bis jetzt noch mit einem mathematischen Schönheitsfehler: Atome sind nun mal ziemlich klein, folglich braucht man ziemlich viele davon, um Dinge herzustellen, von denen wir auch etwas haben.

Angenommen, wir hätten einen solchen Nanoassembler, und angenommen, er arbeitet rasend schnell. Sagen wir, er kann pro Sekunde eine Milliarde Atome zusammenbauen. Sie packen, greifen, an die gewünschte Stelle transportieren und dort die richtigen Bindungen zu den umliegenden Atomen herstellen. Ziemlich viel verlangt, aber wir wollen nicht kleinlich sein.

Selbst dann bräuchte er, um 1 Gramm von irgendetwas herzustellen, immer noch über eine halbe Million Jahre.

Das klingt nicht wie eine viel versprechende Idee, oder?

Aber jetzt kommt der Kniff, der wohl das Faszinierendste am gesamten Gebiet der Nanotechnologie ist.

Denn das Ganze sieht völlig anders aus, wenn der Nanoassembler imstande ist, *Kopien von sich selbst* herzustellen. Und warum sollte er das nicht können, schließlich muss ein Nanoassembler auch aus Atomen bestehen? Alles, was er braucht, ist ein Bauplan von sich selbst, und schon kann es losgehen.

Angenommen, so ein Nanoassembler besteht aus einer Milliarde sehr ausgetüftelt angeordneter Atome, dann bräuchte er genau eine Sekunde, um sich selbst zu kopieren. Nach einer Sekunde gäbe es also zwei Nanoassembler, nach zwei Sekunden vier, nach drei Sekunden acht … und nach einer Minute eine Trilliarde. Und dann sieht alles schon ganz anders aus: Eine Trilliarde Nanoassembler würden pro Sekunde bereits gute fünfzig Kilogramm Materie verarbeiten, und wenn einem das nicht reicht, lässt man sie sich einfach noch ein paar Minuten länger vervielfältigen, ehe man sie an die eigentliche Arbeit schickt.

Mit selbstreplizierenden Nanoassemblern – gern «Nanobots» genannt – besäße man völlige Kontrolle über die Materie. Einen Flugzeugträger bauen, eine Brücke, eine komplette Hafenanlage, ein Lagerhaus mit Regalen voller Stereoanlagen? Alles nur eine Frage des richtigen Bauplans und von ein paar Minuten Zeit. Geld? Spielt keine Rolle mehr. Als Ausgangsmaterial bräuchte man nur irgendwelches Zeug, das die verschiedenen Elemente in den nötigen Mengen enthält. Alte Müllplätze wären wunderbare Fundgruben.

Überhaupt «Müll» – dieses Wort würde jede Bedeutung verlieren. Es gäbe in einer solchen Welt keinen Müll mehr, nur noch Dinge, die man nicht mehr braucht. Und solche Dinge wären von Trilliardenhorden eifriger Nanobots genauso schnell wieder in ihre Bestandteile zerlegt, wie sie gebaut wurden. In alten Sagen ist bisweilen die Rede von Städten, die über Nacht auftauchen und verschwinden: gut möglich, dass da selbstreplizierende Nanoassembler am Werk waren.

Die ultimative Gefahr: «Graue Schmiere»

Man braucht nicht lange über diese Vision nachzudenken, um Gänsehaut zu bekommen. Was, wenn Nanoassembler außer Kontrolle geraten?

Es gibt kein von Menschenhand geschaffenes Gerät, das noch nie außer Kontrolle geraten wäre. Also wäre es naiv, anzunehmen, ausgerechnet bei Nanoassemblern könnte das anders sein. Abgesehen von der Möglichkeit, dass ein Wissenschaftler aus Unachtsamkeit, ein Terrorist in zerstörerischer Absicht oder ein «Nanohacker» aus was für Gründen auch immer einen Nanobot freisetzt, der nicht mehr auf Steuerungs- oder Selbstzerstörungssignale anspricht: Daneben gibt es immer noch natürliche Strahlung aus dem All oder aus dem Boden, und genau wie Zellstrukturen durch mit hoher Energie auftreffende Strahlung bisweilen beschädigt werden, mag ein Nanoassembler von Strahlung beschädigt werden, *mutieren* sozusagen, und es mag ihn genau an der Stelle treffen, wo bislang der «Aus»-Schalter saß. Was dann?

Sich unbeschränkt selbstreplizierende Nanoassembler wären das technische Äquivalent einer neuen parasitären Lebensform. Könnte man sie bekämpfen? Vermutlich gäbe es keinen Grund dazu. Schließlich sind es Maschinen, und genau wie Autos nicht von allein davonfahren und selbst Montageroboter, verließen sie ihre angestammten Plätze, ziemlich schnell ratlos im nächsten Graben lägen, kämen vermutlich auch die meisten Nanoroboter außerhalb einer wohldefinierten Infrastruktur nicht weit.

Aber manche vielleicht doch. Und dann würden sich die wild gewordenen Nanobots ausbreiten und ausbreiten und mit heuschreckenhafter Ausdauer alles auf Erden – Bäume, Sträucher, Häuser, Autos, Küstenfelsen, das Wasser der Ozeane, Luft, Kunstwerke, Panzer, Atombomben und nicht zuletzt uns Menschen – in eine Masse undefinierbarer Konsistenz verwandeln. Für diesen apokalyptischen Endzustand haben Kritiker der Nanotechnologie den Begriff «gray goo», auf Deutsch etwa «graue Schmiere», geprägt.

Vielleicht bliebe uns nicht mal die Zeit, zu merken, was los ist: In einem «worst-case-scenario» hat der Nanotechnologe Robert Freitas jr. eine minimale globale Ausbreitungszeit von *zwei Sekunden* errechnet!

«Dicke» Finger, «klebrige» Finger

Alles Quatsch, widerspricht Richard E. Smalley, denn Nanoassembler wird es sowieso niemals geben. Sie sind physikalisch unmöglich.

Der das sagt, ist nicht nur Professor für Physik und Chemie, sondern überdies Nobelpreisträger, und das auch noch für eine Arbeit auf einem nanotechnologischen Gebiet: Smalley war in den achtziger Jahren führend an der Entdeckung der so genannten *Fullerene* beteiligt, symmetrischen Kohlenstoffstrukturen, die frappant an Fußbälle erinnern und einen Durchmesser von etwa einem Nanometer haben.

Nanoassembler, sagt Smalley, haben zwei grundsätzliche Probleme, die als das «Problem der dicken Finger» und als das «Problem der klebrigen Finger» bekannt sind.

Erstens muss ein Nanoassembler mit einem ziemlich kleinen Arbeitsfeld auskommen – etwa einem Nanometer nach allen Seiten. Zweifellos wird er irgendwelche Manipulatoren besitzen, um Atome zu ergreifen: Diese müssen ihrerseits selbst aus Atomen bestehen, werden also eine bestimmte Mindestgröße aufweisen. Ein einziger Manipulator wird nicht einmal genügen; wahrscheinlich werden weitere Greifarme nötig sein, um die umliegenden Atome an ihren Plätzen zu halten. Und dafür mag der Platz dann doch nicht reichen ganz da unten.

Zweitens sind diese Finger nicht nur dick, sondern auch *klebrig*:

Das Atom, das bewegt werden soll, wird zwangsläufig chemische Verbindungen mit den Atomen der Manipulatoren eingehen und dadurch an ihnen haften bleiben. Das könnte es schwierig oder sogar prinzipiell unmöglich machen, es mit der nötigen Präzision an der richtigen Stelle wieder loszulassen.

Da beide Probleme fundamentaler Art sind und nicht vermieden werden können, sagt Professor Smalley, kann es keine selbstreplizierenden mechanischen Nanobots geben.

Unverschmutzbare Kloschüsseln

Ein kategorisches «Geht nicht!» also. Wie müssen wir es einordnen? Immerhin, nicht einmal der Nobelpreis schützt vor fundamentalen Irrtümern: So war Ernest Rutherford (Nobelpreis 1908) noch in den dreißiger Jahren fest davon überzeugt, dass die Atomforschung niemals zur Nutzung von Kernenergie führen könne.

Wir Normalsterblichen können das also im Moment einfach nicht beurteilen. Die Erfahrung lehrt allenfalls, dass sich weder die optimistischste noch die pessimistischste Alternative zu verwirklichen pflegt, sondern meist irgendetwas dazwischen, und nicht selten in einer Variante, die uns dann doch wieder überrascht.

Zweifellos wird früher oder später Nanotechnologie Einzug in den Alltag halten (wenn auch nicht alles Nano sein wird, auf dem es draufsteht). Ein großes Gebiet werden Oberflächen mit neuen Eigenschaften sein – kratzfeste Brillengläser; Kloschüsseln, Badewannen und Waschbecken, die so glatt sind, dass kein Schmutz daran haften bleibt; Autolacke mit neuartigen Farbeffekten. Im Bereich der Textilien, wo uns ja schon Mikrofasern erstaunliche neue Eigenschaften bescherten, mögen Nanofasern noch eins draufsetzen. Es mag mit nanotechnischen Verfahren hergestellte neuartige, superflache Batterien geben, die in Scheckkarten oder Glückwunschkarten eingebaut sein werden, und zweifellos wird die Nanotechnologie das künftige Aussehen tragbarer Computer und Telefone beeinflussen.

Hier mag ihr sogar eine Schlüsselrolle für die Entwicklung der nächsten Generation von Mikroprozessoren zufallen, denn es ist absehbar, dass die momentan verfügbaren schnellsten Prozessoren die physikalischen Möglichkeiten der Siliziumtechnik bereits weitgehend ausloten und dass auf diesem Weg demnächst ein Stoppschild kommt: bei 3000 Gigahertz, ungefähr. Wenn es weitergehen soll, muss eine neue Technologie her. Gut möglich, dass dann die Nano-Chips kommen.

Und ansonsten muss man mal sehen.

Verlassen wir die Diskussion über die Chancen und Gefahren der Nanotechnologie an dieser Stelle und wenden wir uns jenen Nanomaschinen zu, die es, wie wir gesehen haben, längst gibt. Mit anderen Worten, befassen wir uns mit der Zukunft der Gentechnik.

Gentechnik: Das Leben selbst in unseren Händen

Im Jahre 1997 machte das «Klonschaf» *Dolly* Schlagzeilen. Um die Jahrtausendwende wurde das menschliche Genom nicht nur entschlüsselt, seine Entschlüsselung wurde sogar als regelrechter Wettlauf zwischen zwei konkurrierenden Instituten inszeniert, wie es die Medienwelt heutzutage gerne hat.

Was geschieht als Nächstes?

Bevor wir diese Frage beantworten können, müssen wir uns zuerst anschauen, was *bisher* geschehen ist.

Klonen

Noch 1996 gab es Wissenschaftler, die es für grundsätzlich unmöglich hielten, ein Säugetier aus einer ausdifferenzierten Zelle – also einer Körperzelle – zu klonen. Doch währenddessen waren die beiden Forscher Ian Wilmut und Keith Campbell am schottischen Roslin-Institut schon dabei, genau das zu tun. Es war in der Tat schwierig, denn von über zweihundert Versuchen glückte nur einer: *Dolly*.

Die Idee des Klonens selber ist alt. Sie basiert auf der Erkenntnis, dass im Zellkern jeder einzelnen Körperzelle eines Lebewesens dessen gesamter Bauplan enthalten ist. Er kommt nur nicht überall zum Einsatz. Jede Zelle des fertigen Lebewesens benutzt nur einen Teil davon – eine Leberzelle den Teil, der die Funktionen einer Leber regelt, eine Hautzelle einen entsprechend anderen Teil und so weiter. Der Rest der genetischen Information ist blockiert. Zellen in diesem Zustand nennt man ausdifferenziert: Sie haben sozusagen ihre endgültige Bestimmung gefunden.

Doch entnimmt man einer Zelle den Zellkern und setzt ihn in eine befruchtete Eizelle, dessen ursprünglichen Kern man zuvor entfernt, dann bewirkt die neue Umgebung – das Plasma einer Eizelle –, dass die «verschlossene» Information wieder «aufgeschlossen» wird. Die Zelle beginnt sich zu teilen, und ein neues Lebewesen wächst heran, als genetische Kopie des Wesens, von dem der eingesetzte Zellkern stammt.

Mit Fröschen war es auch schon lange Zeit zuvor geglückt. Bei Säugetieren hatte es sich als schwieriger herausgestellt, denn ganz so einfach, wie der Prozess gewöhnlich geschildert wird, ist er doch nicht. Zeitweise sah es so aus, als gäbe es grundsätzliche Unterschiede zwischen den Arten, die ein Klonen von Säugetieren unmöglich machen.

Doch *Dolly* bewies das Gegenteil. Sie machte ihren Schöpfern die Freude, sehr medienwirksam und überhaupt nicht kamerascheu zu sein und gleich auch noch eine weitere offene Frage zu klären, nämlich die, ob Klone ihrerseits normal fruchtbar sind: Sie schenkte mehreren gesunden Lämmern das Leben.

Anhand real existierender Klone zeigte sich aber einmal mehr, dass die Praxis immer noch einmal eine Überraschung bereithält, egal, wie viel Theorie man vorher besitzt. Es stellte sich beispielsweise heraus, dass geklonte Embryonen zu Riesenwuchs neigen. Das war der Grund, aus dem später Forschungen gestoppt wurden, die zum Ziel hatten, die Zucht von Rindern durch Klonen zu verbessern: Es gab zu viele Fehlgeburten.

Eine Frage, die *Dolly* nicht beantworten konnte, war: Wie ähnlich sind sich Klon und Elter (so nennt man das Individuum, aus dessen Genmaterial der Klon gezüchtet wurde)? *Dollys* Elter lebte zum Zeitpunkt ihrer Geburt (die übrigens bereits im Sommer 1996 stattfand, mehr als ein halbes Jahr bevor der Aufsehen erregende Aufsatz dazu veröffentlicht wurde) längst nicht mehr; sie entstammt einer Brustdrüsenzelle eines mehrere Jahre zuvor gestorbenen Schafes.

Diese Frage wurde im Februar 2002 mit der Geburt der ersten geklonten Katze (sinnigerweise *Copycat* getauft) beantwortet: womöglich überhaupt nicht! Wer *Copycat* und ihr Elter nebeneinander sieht, würde als Laie nicht einmal darauf kommen, dass sie derselben Rasse angehören. Dass sie aber genetisch identisch sein sollen, ist wirklich schwer zu glauben.

Damit war, anbei bemerkt, einer ganzen Anzahl von Firmen, die in den Jahren seit *Dollys* Geburt auf den Markt getreten waren, die Geschäftsgrundlage entzogen. Deren Angebot bestand darin, biologisches Material der Lieblingshaustiere sicher zu verwahren, um diese nach deren Ableben – sobald das Verfahren der Klonierung einigermaßen zuverlässig funktionierte – wieder neu ins Leben zu rufen. Biologen hatten schon vorher darauf hingewiesen, dass es zahlreiche körperliche Merkmale gibt, die sich «irgendwie», also zufällig entwickeln. Unsere Fingerabdrücke zum Beispiel sind nicht genetisch bedingt: Auch eineiige, also genetisch identische Zwillinge weisen unterschiedliche Fingerabdrücke auf. Die Fellzeichnung von Tieren ist so etwas Ähnliches: Nicht gesagt, dass der geklonte Nachfolger des Lieblingshundes auch genau die wilde Locke über dem rechten Auge haben wird oder jenen schwarzen Fleck, der für sein Elter so typisch war. Nicht einmal gesagt, dass man das Tier *wiedererkennen* würde!

Menschliche Klone

Wird es irgendwann menschliche Klone geben? Wahrscheinlich. Doch die Gründe, einen menschlichen Klon zur Welt zu bringen, werden übersteigerter medizinischer Ehrgeiz, Sensationsgier, Geltungsdrang oder sonst irgendeine negative Eigenschaft sein. Sobald die ersten Klone existieren und die zu erwartende heftige öffentliche Debatte abgeebbt ist, wird man feststellen, dass es keine vernünftigen Gründe dafür gibt, Menschen zu klonen.

Wahrscheinlich wird sich herausstellen, dass jemand, der geklont wurde, mit ernsthaften und unvermeidlichen genetischen Schäden und einer deutlich verringerten Lebenserwartung zu rechnen hat. Es gibt heute schon deutliche Hinweise darauf. So musste *Dolly* im Februar 2002 wegen einer Lungenkrankheit eingeschläfert werden – mit sechs viel zu früh für ein Schaf. Bei der Obduktion fand man überdies deutliche Anzeichen für diverse Altersgebrechen, Arthritis etwa, die bei einem Tier dieses Alters noch nicht hätten vorliegen dürfen; ein Befund übrigens, der kurz darauf durch die Untersuchung eines geklonten Tieres in Australien bestätigt wurde: Es scheint so zu sein, dass Klone schneller altern.

Sollten also tatsächlich einmal Menschen geklont werden, gehe ich davon aus, dass diese ihre Erzeuger mit Schadensersatzklagen in Milliardenhöhe heimsuchen werden, bis denen schwarz vor Augen wird, und danach wird Fortpflanzungsmedizinern die Lust an derartigen Experimenten für lange Zeit vergangen sein.

Mit den anderen Visionen, die vielfach in der Science-Fiction beschworen wurden – Klone als Ersatzteillager oder dass ein Klon auch Bewusstsein oder die Erinnerungen seines Elter teilen könnte –, brauchen wir uns nicht weiter abzugeben: Sie beruhen einzig auf mangelnder Einsicht in medizinische oder rechtliche Zusammenhänge.

Genom-Entschlüsselung

Noch 1974 hatte es als für alle Zeiten unmöglich gegolten, das menschliche Genom zu entschlüsseln. In den achtziger Jahren galt es schon nicht mehr als unmöglich, bloß als unbezahlbar: Einen einzigen Baustein der Milliarden und Abermilliarden Basenpaare langen DNS zu dekodieren kostete ungefähr zehn Dollar.

Und um die Jahrtausendwende herum war es so weit. Wie so oft in letzter Zeit mussten diejenigen, die einmal gesagt hatten, etwas sei unmöglich, miterleben, wie es dennoch gemacht wurde: Das menschliche Genom wurde entschlüsselt.

Die *Frankfurter Allgemeine Zeitung* widmete dem Endspurt des Wettlaufs zwischen dem staatlich geförderten *Human Genome Project* und der dem amerikanischen Geschäftsmann gehörenden Firma *Celera Genomics* ihr gesamtes Feuilleton, das sie komplett mit dem Abdruck der letzten entschlüsselten Basenpaare füllte. Seitenweise lasen die erstaunten Leser da ACCT TGGA CTTT GGAG und so weiter … und verstanden nur Bahnhof.

Sehr elegant war damit der Bedeutung dieses Meilensteins gehuldigt wie zugleich das große damit verbundene Manko aufgezeigt: Wir können das Genom lesen – aber wir *verstehen* es nicht!

Was sind denn nun die Gene? Wo fangen sie an, wo hören sie auf? Was tun sie? Und *wie* tun sie es? Lauter Fragen, über denen Wissenschaftler noch lange Zeit werden brüten müssen.

Doch schon aus dem simplen Vergleich verschiedener Genome kann man allerhand ableiten. Bereits zuvor hatte die Firma *Celera* das Genom der Fruchtfliege dekodiert. Die Fruchtfliege, *Drosophila melanogaster*, ist seit Jahrzehnten das Lieblingsforschungsobjekt der Genetiker, wegen ihrer raschen Vermehrungszyklen und entsprechend kurzen Lebensdauer, ihrer einfachen Handhabung und vor allem wegen des Umstandes, dass sie nur vier Chromosomen besitzt.

Sechzig Prozent der Gene darauf sind, fand man, identisch mit menschlichen. Die DNS ist anscheinend nicht nur ein Bauplan, sie ist zugleich das Laborbuch der Natur, eine Geschichte der Entwicklung des Lebens. Die Natur erfindet selten etwas ein zweites Mal; wenn etwas funktioniert, wird es beibehalten. Die DNS trägt die Information, «wie es geht», weiter in die kommenden Generationen.

Schon vor Abschluss der Arbeiten war das *Human Genome Project* ein schwerer Schlag für alle Rassisten. Denn es zeigte sich, dass die Unterschiede zwischen den Menschen noch geringer sind, als man ohnehin vermutet hatte. Auf genetischer Ebene lässt sich das, was man (beim Menschen fälschlicherweise) als «Rasse» bezeichnet, nicht ausmachen. Die genetischen Unterschiede zwischen zwei Menschen betragen weniger als 0,0001 %. Wir sind einander in unvorstellbarem Maße ähnlich.

Es war also ohne Zweifel ein Meilenstein der Wissenschaftsgeschichte, sozusagen die Mondlandung der Genetik. Vor diesem Hintergrund ist es verständlich, dass Craig Venter im Jahr 2000 selbstbewusst tönte: «In zwei Jahren werden wir die Welt tief greifend verändert sehen!» Doch die zwei Jahre sind längst um. Man darf fragen, was sich denn nun, bitte schön, so grundlegend geändert haben soll. Immerhin war gute drei Jahre nach Apollo 11 auch schon wieder Schluss mit den Mondlandungen.

Saatgut mit Supereigenschaften

Ältere Zeitschriftenartikel zur Gentechnik sind bisweilen mit Fotomontagen illustriert, auf denen jemand eine dicke, unterarmlange Weizenähre vorweist: Wäre es nicht großartig, Saatgut zu haben, das noch höhere Erträge bringt, schneller wächst und zudem resistent gegen Schädlinge ist?

Wie wichtig Letzteres ist, wird einem klar, wenn man sich vor Augen hält, dass die Sowjetunion einst weitaus mehr Weizen produzierte als das heutige Russland, dass damals aber Weizen importiert werden musste, während Russland heute ein wichtiger Weizen*exporteur* ist – alles, weil heute nicht mehr die Hälfte der Ernte kaputtgeht! Und das ist alles noch durch Verbesserung der herkömmlichen Verfahren zur Lagerung und Aufbewahrung erreicht worden.

Doch besagte Fotomontagen sind seltener geworden, die Versprechungen bescheidener. Der Präsident des *WorldWatch Institute*, Lester Brown, sagte schon 1995, er kenne «niemand in der Biotechnikbranche, der noch so viel verspricht wie vor ein paar Jahren».

Medizinische Fortschritte

Man hat sich viel von der Gentechnik versprochen: verbesserte Tumordiagnostik, neue Strategien der Krebsbekämpfung, ein Mittel gegen Aids. Die Entschlüsselung des Genoms sollte den Weg frei machen zur Abschaffung von Erbkrankheiten, ja selbst zur ewigen Jugend.

Was tatsächlich kam, waren genetische Tests.

Machen kann man noch nichts dagegen, aber wissen kann man es: ob man bestimmte Krebsgene hat, ob man die Anlagen zu dieser oder jener Krankheit geerbt hat. Manche Tests kann man schon per Internet bestellen und im stillen Kämmerlein durchführen. Auf diese Weise bleibt es einem selbst überlassen, ob man davon etwas erzählt, wenn man eine Lebensversicherung abschließt.

Genetische Tests bergen das Potenzial, genetische Diskriminierung zu schaffen oder Leid zu verhüten – je nachdem, wie der Umgang damit gesetzlich geregelt wird. Darf Krankenversicherungen erlaubt werden, Patienten mit Risikogenen auszuschließen? Dürfen Arbeitgeber vor der Anstellung genetische Tests verlangen? Sollen Ehepaare zu genetischer Vorsorge verpflichtet werden, wenn einer von ihnen aus einer mit Erbkrankheiten belasteten Familie kommt? Und was darf verlangt werden? Gentests der Eheleute? Oder auch Gentests an Ungeborenen? Mit welchen Konsequenzen, falls Anlagen einer Erbkrankheit entdeckt würden?

Bisweilen wird von «genetischer Therapie» gesprochen, aber noch hat niemand eine Vorstellung davon, wie so etwas gehen sollte: in jeder einzelnen der 30 Billionen Zellen eines menschlichen Körpers etwa ein schadhaftes Gen gegen ein anderes, funktionierendes auszutauschen.

Weniger aufwendig und technisch eher vorstellbar wären Reparaturen an der befruchteten Eizelle, ehe sie anfängt, sich zu teilen und zu einem Kind heranzuwachsen. Hier müsste man das Gen nur ein einziges Mal austauschen, durch die Selbstreplikation der Zellteilung würde die Reparatur von selbst an alle Körperzellen weitergegeben. Dies nennt man «Eingriff in die Keimbahn», und theoretisch wäre es auf diesem Wege möglich, Erbkrankheiten auszumerzen. Doch im Augenblick weiß man noch viel zu wenig darüber, wie Gene wirklich funktionieren und zusammenwirken, als dass man derartige Eingriffe riskieren dürfte.

All dies sind Fragestellungen, die immer stärker ins allgemeine Bewusstsein dringen und in der Öffentlichkeit diskutiert werden. Sie werden uns sicher noch einige Zeit begleiten. Das Problem solcher Diskussionen ist, dass sie mangels Sachkenntnis oft nicht über den Abtausch von Schlagworten hinausgelangen, beispielsweise bei der Diskussion über embryonale Stammzellen.

Embryonale Stammzellen

Stammzellen sind Zellen, aus denen noch alles werden kann – eine Muskelzelle, eine Nervenzelle, Schleimhaut, Magenwand, einfach alles. Universalzellen sozusagen. Es gibt Stammzellen in zwei Varianten – embryonale, also von einer befruchteten Eizelle abstammend, und adulte. Adulte Stammzellen sind Zellen, die schon einmal spezialisiert waren, sich aber in den Universalzustand zurückverwandelt haben. Das heißt «Entdifferenzierung» und ist beispielsweise ein Kennzeichen von Krebszellen. (Man ahnt schon, warum man sich von embryonalen Stammzellen mehr verspricht: Diese sind einfacher zu gewinnen, leistungsfähiger – und folgen noch einem annähernd natürlichen Prozess.)

Aus Stammzellen könnte man, sobald man herausgefunden hat, wie man den Prozess steuern kann, buchstäblich jeden Körperteil eines Menschen regenerieren, und aufgrund der genetischen Identität gäbe es keinerlei Abstoßungsreaktionen nach der Implantation. Man verspricht sich davon Heilung für bislang unheilbare Krankheiten wie Alzheimer oder Querschnittslähmung.

Doch selbst wenn das machbar wäre – wofür der Beweis noch aussteht, es ist bislang nur Theorie –, bleibt ein moralisches Dilemma: Um embryonale Stammzellen zu gewinnen, benötigt man menschliche Eizellen. Frauen würden zu Rohstofflagern der medizinischen Technik degradiert. Eine embryonale Stammzelle ist kein Embryo, aber sie ist nicht so weit davon entfernt, dass sich die Frage nach dem Schutz ungeborenen Lebens nicht stellen würde.

Therapien mit embryonalen Stammzellen werden nur dann einen Platz in der Medizin finden, wenn die Gesellschaft zu dieser Frage eine andere Einstellung findet. Momentan sieht es zumindest in Europa nicht danach aus; der allgemeine Widerstand ist sehr hoch.

Doch für die Genforschung muss das nichts heißen. Die Forschungen gehen in anderen Ländern weiter, in denen andere Wertvorstellungen herrschen. Sollte dabei eine wirklich neuartige, wirksame Therapie gefunden werden, könnte dies rasch zu einer fundamental veränderten Einschätzung führen. Man stelle sich vor, in China würde die Möglichkeit angeboten, Querschnittslähmung zu heilen: Es wäre unrealistisch, zu glauben, dass sonderlich viele Betroffene (mit dem nötigen Finanzpolster) sich von abstrakten moralischen Überlegungen davon abhalten lassen würden, sich einer solchen Behandlung zu unterziehen.

Ist Gentechnik unnatürlich?

Das hängt stark davon ab, wie man den Begriff «unnatürlich» definiert.

Man könnte sich auf den Standpunkt stellen, dass es in der Natur überhaupt nichts Unnatürliches geben kann. Die Natur braucht keine Polizei, ihre Gesetze sorgen von selbst für ihre Einhaltung. Alles, was wir machen können, wäre danach auch natürlich.

Doch wenn der Vorwurf gemacht wird, Gentechnik sei unnatürlich, dann steht dahinter für gewöhnlich die Auffassung, dass es Grenzen gebe für das, was Menschen tun *sollten*. Dass wir aus Ehrfurcht vor den letzten Dingen an irgendeinem Punkt sagen sollten: *Stopp, bis hierher und nicht weiter.*

Das Problem an diesem Argument ist, dass jeder diese Grenzen für gewöhnlich da sieht, wo sie verliefen, als er ein Kind war. Fast bis auf den Wortlaut ähnliche Argumente wurden einst gegen die Eisenbahn, das Auto, die Straßenbeleuchtung, das Radio usw. vorgebracht – und regelmäßig nicht weiter beachtet. Die nächste Generation aber, die dann schon mit Eisenbahnen und elektrischem Strom aufgewachsen war, sah darin nichts Unnatürliches mehr, wohl aber, sagen wir, im Fliegen mit Hilfe von Maschinen, in der Herstellung von Kunststoffen oder im Bau «elektronischer Gehirne».

Genau genommen, um zur Gentechnik zurückzukommen, ist zum Beispiel Landwirtschaft an sich unnatürlich und war es schon immer. Wir Menschen haben uns vor einigen Millionen Jahren entwickelt und den weitaus größten Teil unserer Geschichte hindurch als Jäger und Sammler gelebt: Man kann mit einigem Recht behaupten, dass das unsere natürliche Lebensweise ist. Davon sind wir vor etwa zehntausend Jahren abgewichen, was im Vergleich mit den Zeiträumen der Evolution praktisch nichts ist, und abgesehen von Muttermilch nehmen wir heute fast keine Nahrung mehr zu uns, die wir nicht genetisch verändert hätten.

Die bisherige Methode, Lebewesen genetisch zu verändern, wird «Züchtung» genannt. Sie arbeitet etwas langsamer als Gentechnik, ist aber durchaus imstande, eindrucksvolle Resultate zu erbringen: Man schaue sich etwa die verschiedenen Hunderassen an und vergegenwärtige sich, dass sowohl Dackel wie Bernhardiner vom Wolf abstammen.

Gentechnik ist also nichts wirklich Neues, sondern steht in einer kontinuierlichen Entwicklungslinie. Allerdings stellt sie einen technologischen Quantensprung dar, denn sie vermag Dinge zu bewirken, die einem Züchter alter Schule unmöglich wären, und könnte er tausend Jahre lang arbeiten. Genau diese neuen Möglichkeiten und die damit eventuell verbundenen und noch nicht ganz abschätzbaren Gefahren sind das Problem.

Auf der anderen Seite sind die Möglichkeiten traditioneller Züchtung heutzutage ausgereizt. Noch ertragreichere Getreidesorten, noch leistungsfähigere Tierarten sind auf diesem Wege nicht mehr in Sicht.

Patente auf Gene

Eine entscheidende Weichenstellung für die Zukunft findet zur Zeit im Verborgenen statt: die Frage danach, ob und in welchem Umfang Gene patentierbar sein dürfen.

Den Laien mutet die bloße Vorstellung bizarr an: Wie kann man Gene patentieren wollen? Schließlich steht außer Frage, wer diese Gene geschaffen hat – die Natur nämlich und keineswegs irgendeine Bio-Genetics-XY-Company, die es lediglich *gefunden* hat.

Dennoch wird es gemacht. Jedes Mal, wenn eine Firma ein Gen lokalisiert und herausfindet, was es bewirkt, meldet sie ein Patent an – und bekommt es. In der Konsequenz wird das dazu führen, dass in naher Zukunft alle Gene als geistiges Eigentum einer Hand voll Gentechnikfirmen gelten werden. Diese beherrschen danach den Markt. Wer immer dann ein Medikament, eine Untersuchungsmethode, ein Testverfahren oder sonst etwas entwickelt und vermarkten will, das mit einem Gen auf der DNS zu tun hat, wird die Firma, die die Rechte daran hält, um Erlaubnis bitten und an Lizenzgebühren zahlen müssen, was immer diese fordert.

Hersteller von genetisch verbessertem Saatgut können und werden ihr Geschäftsmodell ändern. Ähnlich wie Softwarefirmen nicht ein Programm verkaufen, sondern nur die Erlaubnis, es zu benutzen, würden diese Firmen den Landwirten keinen Samen mehr verkaufen, sondern nur die Lizenz erteilen, die darin enthaltene Erbinformation zu benutzen, für eine bestimmte Zeit und in einem bestimmten Umfang. Es wäre dann illegal, aus den heranwachsenden Pflanzen neue Samen oder Setzlinge zu ziehen. Wenn sich diese Praxis durchsetzt, wird die Kontrolle über die gesamte Nahrungsversorgung der Erde bald in den Händen einiger weniger Menschen liegen – eine Machtkonzentration, die in der Geschichte ohne Beispiel wäre.

Die Praxis der Patentierung von Genen beschränkt sich nicht nur auf das Genom des Menschen, sondern auf alles Leben. Überall in der Welt sind Forscher unterwegs, um genetische Proben seltener Pflanzen und Tiere zu sammeln. Vor allem in den Regenwäldern und bei weltabgeschieden lebenden Eingeborenenstämmen lassen sich noch rare Gene aufstöbern. Wie in den Zeiten der großen Entdecker, als diese um die Welt segelten, um die Fahne ihres Herrschers in den Boden unentdeckter Länder zu rammen und diese in seinem Namen in Besitz zu nehmen, werden gegenwärtig die Claims auf dem genetischen Code abgesteckt. Es ist ein Wettrennen gegen die Zeit, und es ist ein Wettrennen im Verborgenen. Solange sich die Öffentlichkeit über letztendlich belanglose Dinge wie das Für und Wider menschlicher Klone erregt, kann und wird es ungehindert weitergehen.

Dabei sind die diesbezüglichen Regeln für Patente erstaunlicherweise eigentlich völlig eindeutig: Erfindungen der Natur sind nicht patentierbar. Dennoch hat es Versuche in dieser Richtung gegeben. Die Firma *General Electric* wollte in den zwanziger Jahren das Element Wolfram patentieren lassen. Nicht nur den Gewinnungs-, den Isolierungs-, den Reinigungsprozess – nein, das Element selber. Jeder, der fortan Wolfram verwenden wollte, sollte Lizenzgebühren an *General Electric* entrichten. Damals ließ sich die Patentbehörde nicht beeindrucken und verweigerte das Patent, genau wie später noch einmal, als dasselbe mit Uran versucht wurde.

Doch in neuerer Zeit geschehen auf dem Rechtsgebiet des geistigen Eigentums und der Urheberrechte eigentümliche Dinge, die zu Besorgnis Anlass geben. Man kann mit einiger Wahrscheinlichkeit davon ausgehen, dass, wenn sich die Vorstellung vom Eigentum an natürlichen Genen durchsetzt, es auch Kriege um Gene geben wird, genau wie es in vergangenen Jahrhunderten Kriege um Rohstoffe gegeben hat, um Metallvorkommen und um Öl.

Künstliche Gene

Doch irgendwann wird man sich nicht mehr damit begnügen, existierende Gene zu sammeln. Schon heute ist es kein Problem, DNS maßzuschneidern. Es gibt zahlreiche Firmen, denen man nur eine Liste mit der gewünschten Abfolge von Basenpaaren schicken muss, und kurze Zeit später erhält man ein kleines, sorgsam verschlossenes und stoßsicher verpacktes Reagenzglas mit einer klaren, ölig wirkenden Flüssigkeit darin zugeschickt: die bestellte DNS. Zahlbar per Kreditkarte, und es ist nicht mal teuer. Kein Zweifel: Wenn man erst einmal verstanden hat, wie Gene funktionieren und was sie bewirken, beginnt die Zeit der Genprogrammierer. Dann werden, am Computer vorausberechnet, Gene künstlich erzeugt, mit bislang nie da gewesenen Wirkungen.

Dass solcherart entstandene Gene dann patentierbar sein werden, steht anbei bemerkt außer Frage. Wahrscheinlich unterliegen sie sogar dem (stärkeren) Urheberrecht.

Vielleicht wird es einst besonders ausgeklügelte Gene geben, die sich nur eine wohlhabende Oberschicht für ihre maßgeschneiderten, mit besten Erbanlagen auszustattenden Kinder wird leisten können. Es mag Modetrends geben – nie da gewesene Haut- oder Haarfarben, Fühler, Reptilienhaut oder bei Nacht leuchtende Fingernägel –; wahrscheinlicher sind zusätzliche Finger für Kinder, die Pianisten werden sollen, oder ein verbessertes Geruchsempfinden, das dasjenige von Hunden übertrifft und seinem Besitzer ganz neue Dimensionen kulinarischen Genusses eröffnet.

In letzter Konsequenz könnte das dazu führen, dass die Menschheit sich in mehrere, untereinander nicht mehr kreuzbare Spezies aufspaltet. Was aber, sollten Kinder gewohnheitsmäßig im Labor maßgeschneidert werden, dann auch keine Rolle mehr spielen wird.

Findet Evolution noch statt?

Die Gentechnik konfrontiert uns mit der Frage, was für ein Bild wir von uns selbst haben. Den meisten Menschen scheint es so, als degradiere sie uns zu biologischen Maschinen, die das in der DNS niedergelegte Programm abarbeiten, und weiter nichts. Ist es das, was uns Menschen ausmacht?, fragen wir uns.

Diese Frage wurde jedoch im Zusammenhang mit neuen Erfindungen und wissenschaftlichen Theorien schon oft gestellt. Als Darwin die Evolutionstheorie entwickelte, ereiferten sich seine Zeitgenossen, weil sie sich zu Tieren degradiert sahen. Als die ersten mechanischen Rechenmaschinen entwickelt wurden, fühlten sich viele Leute verunsichert, denn das Rechnen, das Addieren und Subtrahieren – das war doch bis dahin immer etwas spezifisch Menschliches gewesen. Und jetzt konnte es eine *Maschine*! Und besser noch dazu. Dasselbe Unbehagen, dieselbe Frage – doch auf lange Sicht war die Antwort darauf auch immer dieselbe: «Ja, das sind wir ... *auch*! Aber wir sind zugleich mehr als das.»

Der Gentechnologie wohnt das Potenzial inne, die Evolution des Menschen in dessen eigene Hände zu geben. Schon seit einiger Zeit unterliegen wir der natürlichen Evolution praktisch nicht mehr, wir haben uns der Selektion entzogen: Wie ich in einem der vorigen Kapitel schon sagte, war genau das geradezu *Ziel* aller zivilisatorischen Anstrengungen. Die Gentechnik bietet die Möglichkeit, trotzdem für unseren Genpool zu sorgen – im Moment die einzig gangbare Alternative zu einem Rückfall in die Barbarei.

Oder, wenn wir es dumm anstellen, der Ausgangspunkt einer solchen.

In gewisser Weise sind Zivilisation und Kultur ein Alternativprogramm zur Natur. Evolutionsforscher sehen die Natur nicht mit verklärtem Blick. Die natürliche Selektion, sagt etwa der englische Evolutionsbiologe Richard Dawkins, ist kein Mechanismus, der auf lange Sicht denkt, sondern einer, der nur auf kurzfristigen Profit aus ist. Kurzsichtiger Raubbau ist etwas, das die Natur selbst oft betreibt. Langfristig denken und planen kann einzig der menschliche Verstand.

Und der kann es, wie wir nur zu gut wissen, oft auch nicht besonders.

Fazit

Vieles an der Art und Weise, wie Gentechnologie dargestellt worden ist, erinnert an das Aufkommen der Nuklearenergie. Erst hieß es «Unser Freund, das Atom» – dann «Atomkraft, nein danke». Es gab Kernenergie, aber es gab auch Hiroshima.

Vieles, was die Gentechnik uns gebracht hat, ist schon Alltag – der Einsatz genmanipulierter Bakterien etwa, die Impfstoffe oder

Insulin sauberer und preisgünstiger herstellen, als dies zuvor möglich war. In dieser Richtung wird sich zweifellos noch einiges tun.

Vieles, was die Gentechnik versprochen hat, ist immer noch reine Fiktion, zu riskant – Eingriffe in die Keimbahn etwa – oder hat sich gar als undurchführbar erwiesen. Die Zukunft dieses Gebiets ist noch offen. Es mag sich zeigen, dass die Gefahren mancher Möglichkeiten ihren Nutzen so weit überwiegen, dass man davon abkommt. Es mag sogar sein, dass sich herausstellt, dass Gene nicht so wichtig oder entscheidend sind, wie wir bisher gedacht haben.

Auf alle Fälle ist die Gentechnik den Weg, den die Nanotechnologie beschreitet, schon ein gutes Stück weiter gegangen, und ihre Verkünder haben dabei schon so manche unangenehme Überraschung verkraften müssen. Es hat sich herausgestellt, dass man auch hier nicht so heiß isst, wie gekocht wird, und so manche Überspanntheit ist auf ein vernünftiges Maß zurechtgestutzt worden – und so manche Katastrophenvision bloße Schimäre geblieben.

Internet & Co. – Die Zukunft der Informationsgesellschaft

Vor einigen Jahren war «Internet» das Synonym schlechthin für die Zukunft und ihre grenzenlosen Möglichkeiten. Der «Information Superhighway», rasch eingedeutscht zur «Datenautobahn», schien die Lösung für fast alle Probleme der Welt. In der überschäumenden Euphorie vergaß man völlig, dass Autobahnen heutzutage zumeist gekennzeichnet sind durch – Staus!

Vielen – vor allem jenen, die dabei Geld eingebüßt haben – dürfte die «Dot.com-Hysterie» kurz vor dem Jahrtausendwechsel noch in Erinnerung sein. Internet war *das* Ding. «*New Economy*», raunte einer dem anderen auf Kongressen oder Sektempfängen zu. Jede Firma brauchte plötzlich ein «.com» im Firmennamen. Die Medien feierten Erfolgsgeschichten von Leuten, die «Internet-Start-ups» gründeten und ein Jahr später Millionäre, ach was, *Milliardäre* waren. So altmodische Dinge wie Umsatz oder Gewinn schienen nicht mehr erforderlich zu sein, um reich zu werden. Auf dem Höhepunkt der Hysterie genügte es, sich eine viel versprechend klingende Internetadresse zu sichern und damit an die Börse zu gehen, um von Anlegern Geld nachgeworfen zu bekommen: Man brauchte sich nicht einmal zu überlegen, was für ein Geschäft man überhaupt vorhatte zu betreiben.

Klar, dass das nicht ewig gut gehen konnte. Irgendwann platzte die Blase, wie Blasen das nun einmal so an sich haben. Aktien, die einst Millionen gekostet hatten, besaßen nur noch Altpapierwert. Und des Jammerns war viel.

War das voraussehbar? Ja – weil es ein historisches Beispiel gibt: die Entwicklung der Eisenbahn. Unmittelbar nach ihrer Erfindung heftig umstritten, brach wenig später ein bis in die Einzelheiten mit der Internet-Hysterie vergleichbarer Boom aus, auf dessen Höhepunkt Eisenbahngesellschaften mit klangvollen Namen schneller gegründet wurden, als die Druckereien mit dem Drucken der Aktien nachkamen. Einige dieser Aktien zieren bis heute, gerahmt und unter Glas, so manche Wand – wert sind sie nichts mehr, die zugehörigen Firmen seit einem Jahrhundert Geschichte.

Das Internet hat eine Entwicklung vollzogen, die für neue Technologien ganz typisch zu sein scheint und die den beiden in den vorhergehenden Kapiteln behandelten Gebieten zum Teil erst noch bevorsteht. Das Schema ist immer das gleiche:

1. Wer sich damit beschäftigt, gilt als Spinner.
2. Es wird eine Sache für Insider, ein Geheimtipp.
3. Der Geheimtipp spricht sich herum.
4. Ein «Hype» entsteht. Das neue Gebiet wird in den Medien als *die* revolutionäre Sache gefeiert, Firmen werden gegründet und ihre Aktien zu phantastischen Kursen an der Börse gehandelt, die zentralen Köpfe des Gebietes erreichen den Ruhm von Popstars.
5. Die Blase platzt. Katzenjammer, hohe finanzielle Verluste irregeleiteter Spekulanten.
6. Die neue Technologie kommt, nunmehr in ihren Möglichkeiten und Grenzen einigermaßen realistisch eingeschätzt, im Alltag an.
7. Recht und Ordnung ziehen ein, wesentliche Elemente werden staatlicher Kontrolle und Aufsicht unterstellt.

Das Internet befindet sich heute irgendwo zwischen Schritt 6 und 7. Es ist zu einem weitgehend selbstverständlichen Bestandteil des Alltags geworden. Politiker, Bürgerinitiativen und Religionsgemeinschaften unterhalten Homepages und verschicken Newsletter, fast alles kann online gekauft werden, Firmen ohne Website sind nicht mehr konkurrenzfähig, und jemand ohne E-Mail-Adresse ist ein Quasieinsiedler.

Wie wird es weitergehen? Schauen wir uns zunächst ein paar Zukunftsvisionen an.

Intelligente Häuser

Mit Computern ausgestattete und miteinander vernetzte Haushaltsgeräte sollen das «intelligente Haus» der Zukunft bevölkern, sollen selbständig miteinander kommunizieren und als elektronische Dienstboten ihre Aufgaben in Eigeninitiative erfüllen: Schon morgens untersucht die Toilette den Morgenurin auf Anzeichen drohender Krankheiten und schickt im Bedarfsfall eine automatische E-Mail an den Hausarzt. Die Waage informiert anhand der Entwicklung des Körpergewichts den Kühlschrank, welche Lebensmittel er herausrücken darf. Der wiederum spricht mit dem Robotherd den Speiseplan für die kommenden Tage ab und bestellt selbständig das, was auszugehen droht, beim Lieferdienst des nächsten Supermarktes. Währenddessen untersucht die Zahnbürste beim – elektrischen und bewegungsoptimierten – Zähneputzen gleich die Zähne und sorgt im Verdachtsfall dafür, dass der elektronische Terminkalender des in der Jackentasche steckenden UMTS-Mobiltelefons und der Bürocomputer des Zahnarztes sich auf einen Besuchstermin verständigen. Der alles steuernde Hauscomputer hat die persönlichen Vorlieben gespeichert und verfolgt einen damit überallhin: Betritt man ein Zimmer, findet man seine Lieblingsbilder auf superflachen Displays, die statt altertümlicher Bilderrahmen an den Wänden hängen, und hört man seine Lieblingsmusik aus überall angebrachten verborgenen Lautsprechern. (Was wohl passiert, wenn sich zwei Leute mit unterschiedlichem Geschmack in einem Zimmer begegnen?)

Ich kann mir nicht helfen, aber bei solcherlei Zukunftsvisionen muss ich immer an meine «atomgetriebenen Hubschrauber» denken.

Aus einer Reihe von Gründen kann ich nicht glauben, dass mehr als nur ein Bruchteil der oben skizzierten Dinge jemals zum menschlichen Alltag gehören wird. So hat es längst vor der Erfindung des Internets Versuche gegeben, etwas so Schlichtes wie die abonnementmäßige Belieferung von Haushalten mit einem Sortiment alltäglicher Lebensmittel einzuführen, doch alle entsprechenden Geschäftsideen sind an mangelnder Nachfrage gescheitert. Einen Einkaufswagen durch den Dschungel eines Supermarktes zu schieben, nach Schnäppchen und kulinarischen Sensationen zu jagen und den Moskitostichen werblicher Einflüsterungen nach Kräften zu widerstehen befriedigt, will mir scheinen, ein zutiefst in uns angelegtes Verhaltensmuster (das des «Jägers und Sammlers»), das wir nicht aufgeben wollen und das wir nicht unserem Kühlschrank überlassen werden.

Abgesehen davon, erfordert ein solches «intelligentes Haus» weniger eine neue Technologie als vielmehr die Abstimmung verschiedenster Geräte aufeinander, und dergleichen zählt einfach nicht zu unseren Stärken. So war keine der zahlreichen Kombinationen von Computer und Telefon, die ich in den vergangenen zehn Jahren besessen habe, imstande, Telefonnummern vom Computer aus zu wählen, und dabei wäre das technisch höchst simpel. Und ich brauche mir bloß den Kabelsalat hinter meinem Computer anzuschauen, um zu ahnen, wie kompliziert – und *hässlich!* – es wäre, die Toilettenschüssel mit dem Kühlschrank zu verkabeln, von der Funkanbindung des PDA in der Jackentasche ganz zu schweigen: Vielleicht wird es technisch möglich sein (vorausgesetzt, man kauft Klo und Kühlschrank beim selben Hersteller) – aber die meisten Leute werden es einfach *bleiben lassen.*

Diese und ähnliche Zukunftsvisionen dürfen wir getrost als Ausdruck jener Phase betrachten, in der übersteigerte Begeisterung für eine neue Technologie zu überspannten Ideen führt, beflügelt vor allem von der Vorstellung, damit nun *alles* machen zu können.

Droht die totale Vereinsamung?

Ich gebe zu: Ich möchte das Internet auch nicht mehr missen. Es kommt mir sogar ganz unglaublich vor, dass es erst zehn Jahre her ist, dass ich mir sagte, «ich muss doch mal herausfinden, was es mit diesem Internet auf sich hat, von dem man jetzt so viel liest», und mir erstmals Gedanken über Modems machte. (Damit war ich sogar früh dran, aber ich hatte eine EDV-Beratungsfirma und musste von Berufs wegen das Ohr am Puls der Computerwelt haben.) Wie bin ich eigentlich vorher zurechtgekommen? Für jede Überweisung musste ich zur Bank fahren und mich am Schalter anstellen. Korrespondenz mit Menschen in anderen Ländern hatte ich praktisch nicht; wann kam man überhaupt schon mal dazu, einen Brief zu schreiben? Information, das war das, was man in Bibliotheken (Öffnungszeit 10 bis 18 Uhr, nur wochentags) fand oder in Zeitungen. Anfang der neunziger Jahre habe ich das erste Buch direkt aus den USA gekauft. Erfahren hatte ich davon durch einen Prospekt, der mir auf der Buchmesse in die Hände gefallen war, und um die Bestellung durchzuführen, setzte ich immerhin schon ein Faxgerät ein, sodass das Buch nach einer Woche Frage und Antwort auf dem Weg war.

Heute ist das ein Mausklick. Enorm, wenn man es bedenkt.

Und wenn eine E-Mail nach Australien nicht am nächsten Tag beantwortet ist, wird man schon ungeduldig. So hat alles seine Schattenseiten. Wir Menschen sind eben nie zufrieden.

Kritiker sahen in dieser Entwicklung die Gefahr einer zunehmenden Vereinzelung. Die Medien, unkte etwa Neil Postman 1995, lassen uns vereinsamen: Wir hören Musik oder Radio allein, sitzen allein vor dem Fernseher – und nun werden wir auch noch unsere Bankgeschäfte online erledigen, über Datenleitung an eine weit entfernte Firma angebunden arbeiten und Informationen aus weltweit verstreuten Datenbanken abrufen, alles, ohne einen Schritt aus dem Haus zu setzen. Würde es so weit kommen, dass uns die Begegnung mit einem leibhaftigen Menschen irgendwann so ängstigt, dass wir sie lieber vermeiden?

Bis jetzt hat sich diese Befürchtung nicht bewahrheitet, im Gegenteil: Einer weltweit durchgeführten Studie zufolge verbringt der typische Internet-Benutzer eher wenig Zeit vor dem Fernseher, sondern liest viel und trifft sich gern mit Freunden.

Unübersehbar ist auch, dass die Zahl der Paare, die sich per Internet kennen lernen, rapide zunimmt.

Das Internet kommt, wie es aussieht, im Alltag an – und entpuppt sich als schlichte Fortentwicklung dessen, was wir mit dem Telefonnetz (das, anders lautenden Gerüchten zum Trotz, unter den den Erdball umspannenden Kommunikationssystemen immer noch das größte ist) angefangen haben.

Informationen, Wissen und Bildung

Patienten informieren sich zunehmend per Internet über alternative Behandlungsmöglichkeiten. Das, so wird bisweilen geklagt, untergrabe die Autorität der Mediziner – allerdings scheint mir eine Autorität, die lediglich auf einem Informationsvorsprung beruht, es durchaus wert zu sein, nach Kräften untergraben zu werden. Auf der anderen Seite kann im Internet jeder alles behaupten – und tut es auch. So verbreiten sich hanebüchene Gerüchte oft innerhalb weniger Stunden über den ganzen Erdball.

In der Diskussion über das Internet wird oft so getan, als sei Information alles. Doch das stimmt nicht, nicht einmal für Börsendaten, wo es noch am ehesten zutrifft: Man muss eine Information auch *interpretieren* können – und dazu braucht man *Wissen*. Das ist, sozusagen, eine Stufe höher anzusiedeln.

Und auch Wissen für sich muss eingebettet sein in ein Verständnis größerer Zusammenhänge, sonst bleibt es Stückwerk und ist, abgesehen von eng begrenzten Bereichen, nutzlos. Dieses übergeordnete Verständnis ist es, was wir mit *Bildung* bezeichnen.

Bildung ist nicht eine Frage der zur Verfügung stehenden Informationen; diese spielen eine eher untergeordnete Rolle. In Gebieten wie Geschichte, Psychologie, Religion oder Politik kommt es darauf an, zu *verstehen*. Das ist mit Arbeit verbunden, Zugang zu Informationen allein genügt nicht. Schon immer konnte man sich dicke Enzyklopädien ins Regal stellen: Wenn man nicht darin las, nützte einem das nichts.

Deshalb scheint mir die gegenwärtig häufig anzutreffende Vorstellung, Computer mit Internetzugang seien das Wichtigste, was eine Schule in Zukunft brauche, auch so ein «atomgetriebener Hubschrauber» zu sein: Unterricht im Umgang mit Betriebssystemen und Anwendungssoftware, die sich noch dazu alle paar Jahre ändern, für unverzichtbar zu halten, damit Schüler für die Zukunft gerüstet seien, ist ungefähr so dumm wie die Idee, die Schule sei dazu da, allen Schülern das Autofahren beizubringen. Interessanterweise grassiert diese Idee anscheinend vor allem in den Köpfen älterer Politiker, die selber nicht einmal imstande wären, eine E-Mail zu schreiben.

Das Wissen der Menschheit lagert nach wie vor in den Bibliotheken, und soweit ich sehen kann, wird sich daran bis auf weiteres nichts ändern. Das Internet ist eine Ergänzung dazu, weiter nichts, aber eine interessante: Die Kataloge einer Bibliothek online abfragen zu können ist eine nützliche Form der Vernetzung. Manche Informationen findet man nur im Internet, andere nur in Bibliotheken – weniger denn je werden sich Bibliothekare nur als Buchhüter verstehen können, sondern vielmehr Experten für das Aufspüren von Informationen sein müssen.

Weltkultur durch Internet?

Der Medienwissenschaftler Marshall McLuhan war in den sechziger Jahren überzeugt, das Fernsehen werde ein «globales Dorf» schaffen. Doch abgesehen davon, dass alle Welt heute weiß, wer «Derrick» ist und dergleichen, hat das Fernsehen zur Verständigung der Völker untereinander wenig beigetragen.

Was mit daran liegen mag, dass dieses Medium von Anfang an in den Händen weniger war. Die Völker haben damit nur als Konsumenten zu tun bekommen, waren also passiv. Das Internet als ein Medium, das aktive Teilnahme erlaubt, ja erfordert, könnte einen weiter gehenden Einfluss haben, und in manchen Momenten hat man den Eindruck, schon etwas davon spüren zu können.

Doch vielleicht darf man nicht ungeduldig sein. Auch diese Veränderungen vollziehen sich sehr langsam, so langsam, dass wir sie vielleicht nicht einmal wahrnehmen, wenn sie schon da sind. Wenn man sich gerade in einem kanadischen Forum mit einem Russen über amerikanische Außenpolitik streitet – wer hält da schon inne und vergegenwärtigt sich, was für eine andere Welt das ist, verglichen mit der der achtziger Jahre?

Wohin wird das führen? Dass, wie manche befürchten, dank Internet kulturelle Unterschiede weltweit glatt gebügelt werden, ist wenig wahrscheinlich. Eher ist das Gegenteil der Fall. Die Dominanz des Englischen als im Internet geläufige Sprache ist bereits dahin. Seit man global kommunizieren kann, findet jeder noch so ausgefallene Spleen Gleichgesinnte, und es bilden sich die eigenartigsten Gruppen, Netze und Subkulturen. Das Internet scheint dabei eher dazu zu ermutigen, Unterschiede zu betonen – nicht im Sinne von Abgrenzung, sondern im Sinne von Vielfalt.

Andere Ansichten, andere Kulturen und Mentalitäten zu kennen heißt freilich noch nicht, sie auch zu verstehen. Aber wenn ich weiß, dass es auch andere Sichtweisen, Gewohnheiten und Vorlieben gibt als meine eigenen, dann wird es mir schwer fallen, diese zu verabsolutieren. Und wer weiß, vielleicht übernehme ich ja heimlich irgendetwas, das mir besser erscheint als das, was ich als althergebracht kenne.

Wunderdinge wird das Internet jedoch nicht leisten. Die Völkerverständigung jedenfalls hängt nicht von E-Mails und Übertragungsraten ab, sondern davon, ob Freundschaften über Grenzen hinweg entstehen dürfen und entstehen und davon, wie Kinder erzogen werden.

Die künftige Gestalt des Internets

Je mehr das Internet Alltag wird, desto mehr wird es sich verändern – weg von den gegenwärtigen anarchischen Zuständen hin zu geordneten, rechtlich geregelten und staatlich kontrollierten Verhältnissen. Das mag einem gefallen oder auch nicht – den meisten gefällt es nicht –, aber diesen Weg sind alle Neuerungen gegangen, die weite Verbreitung fanden: Als das Auto frisch erfunden war, durfte jedermann fahren, der eines besaß, und das so schnell er wollte und wo immer er einen passierbaren Weg fand. Heute dagegen ist es eine Selbstverständlichkeit, dass es Autokennzeichen, eine Straßenverkehrsordnung, Polizei und Autobahngebühren gibt und man eine Prüfung ablegen muss, ehe man auf die Allgemeinheit losgelassen wird.

Man hat sich heute daran gewöhnt zu glauben, Anonymität sei eine dem Internet eingebaute und quasi daraus nicht wegzudenkende Eigenschaft. Doch das stimmt nicht. Es war die plötzlich rasch ansteigende Nachfrage nach Internetzugängen, die technische Kompromisslösungen notwendig machte, und diese führten nebenbei dazu, die Identität eines Benutzers zu verschleiern. Aus Versehen, sozusagen.

Man braucht sich nur in Erinnerung zu rufen, dass das Internet aus dem ARPANET hervorgegangen ist, einem *militärischen*

Projekt: Selbstverständlich waren Sicherheit und Vertrauenswürdigkeit dabei Ziele von höchster Priorität. In den Zeiten, als das Internet nur Insidern zugänglich war, war jeder Benutzer eindeutig identifiziert, und praktisch jedes Byte, das über die Leitungen ging, konnte dem dafür Verantwortlichen absolut zweifelsfrei zugeordnet werden.

Genau diesen Zustand, prophezeit der in der Schweiz lebende Internetexperte John Walker, wird das Internet früher oder später wieder erreichen. Zwei Neuerungen, die sich bereits heute abzeichnen und nach denen auch heftiger Bedarf besteht, werden diese Entwicklung einleiten:

1. Permanente Internetanbindung für jedermann – also Wegfall der Notwendigkeit, «online zu gehen» und pro Zeiteinheit dafür zahlen zu müssen.

2. *Micropayment* – also die Möglichkeit, auch winzigste Beträge sicher und einfach per Internet transferieren zu können.

Überall in der Welt werden die Datenleitungen mit fieberhafter Hektik ausgebaut, modernisiert und erweitert, um immer noch mehr Benutzern immer noch schnelleren Zugang zu ermöglichen. Rund um die Uhr, bitte schön. Und drahtlos, wenn's irgend geht. Jederzeit und überall. Die Idealvorstellung ist ein Computer, der einfach immer am Netz ist – sodass einen E-Mails erreichen, sobald sie eintrudeln, man einen Börsenkurs real-time verfolgen kann oder eine Liveübertragung aus Neuseeland betrachten, während man per Internet-Telefonie mit jemandem in Südafrika spricht. Ob Daten, Termine, Adressdateien auf dem eigenen Computer oder irgendwo im Netz stehen – was soll's? Macht keinen Unterschied.

Doch das wirft natürlich Sicherheitsprobleme auf. Viren, Trojaner, Abzocker- und Ausspähprogramme aller Art machen dem heutigen Internetbenutzer das Leben schwer. Und eine gewaltige Streitmacht von Programmierern wirft sich gerade auf die Aufgabe, den «vertrauenswürdigen» Computer zu schaffen.

Das könnte so ablaufen: Früher oder später erscheint eine neue

Generation von PCs auf dem Markt, mit neuen, höchst leistungsfähigen Prozessoren, auf denen aber nur noch zertifizierte Programme und Betriebssysteme lauffähig sein werden. Das System der Zertifizierung – also der Rückbestätigung, dass die auf einem Rechner vorhandenen Programme, Musikdateien, Videos, eBooks usw. genutzt werden dürfen – erfolgt mit verschlüsselten Signaturen und basiert darauf, dass alle Rechner mehr oder weniger permanent ans Internet angebunden sind. Jedes Mal, wenn man z.B. die Textverarbeitung auf diesem Rechner startet, wird eine zentrale Stelle nachprüfen, ob das Programm ordnungsgemäß erworben wurde, ob die Version noch aktuell ist oder eventuell ein Update nötig ist usw. Andere, nichtzertifizierte Programme – selbst geschriebene zum Beispiel – werden überhaupt nicht mehr oder nur mit starken Einschränkungen laufen.

Ist damit nicht der Flop des Jahrhunderts vorprogrammiert? Warum sollten sich die Verbraucher darauf einlassen, solche PCs zu kaufen, die doch offenbar einen Rückschritt darstellen gegenüber den Möglichkeiten der bisherigen, alles könnenden Geräte? Nur wegen der paar Computerviren, die im Umlauf sind?

Das wäre in der Tat kein Grund. Die «Killerapplikation», von der der unwiderstehliche Reiz ausgehen wird, dieser Entwicklung zu folgen, wird das *Micropayment* sein.

Micropayment meint die Möglichkeit, Zahlungsvorgänge automatisch und mit so geringem Verwaltungsaufwand durchführen zu können, dass auch der Transfer von winzigsten Beträgen – hundertstel Cent etwa – wirtschaftlich lohnt.

Natürlich kann man auf demselben Weg auch große Beträge überweisen, doch es werden die kleinen Beträge sein, die das Internet grundlegend wandeln. Nach und nach werden immer mehr Websites dazu übergehen, ihre Angebote kostenpflichtig zu gestalten: Jeder Zugriff auf eine Seite kostet dann beispielsweise 0,0001 Euro – und er wird nur von PCs aus möglich sein, die an das Micropayment-System angeschlossen sind. Man wird bei seiner elektronischen Geldbörse einen Grenzwert einstellen können, und alles, was darunter liegt, wird ohne eigene Nachfrage eine Abbuchung auslösen.

Für die Betreiber von Webangeboten wird damit erstmals die Möglichkeit entstehen, sich durch die Bereitstellung von Inhalten zu finanzieren anstatt durch Werbung. Die Umstellung auf *Micropayment* kann zudem risikolos gleitend erfolgen: Man kann einen Teil der Website kostenfrei anbieten, einen anderen Teil kostenpflichtig – und so verfolgen, wie das Angebot angenommen wird. Es ist zu erwarten, dass die Online-Angebote der Zeitungen sehr rasch auf dieses Geschäftsmodell umschwenken werden.

Das muss für den Internetnutzer nicht unbedingt mit horrenden Zusatzkosten verbunden sein. Wenn gleichzeitig die Verbindungskosten sinken, was nicht unwahrscheinlich ist, könnte das gewohnte «Surfen» zum gewohnten Preis zu haben sein. Wenn eine Seite 0,01 Cent kostet, muss man sich immerhin durch 100 Seiten lesen – oder zumindest klicken – bis der erste Cent verbraucht ist. Und es steht einem frei, den Schwellenwert auf 0 zu stellen, sodass man nicht auf kostenpflichtige Seiten gerät.

Wer wird die Transaktionen des *Micropayments* durchführen? Mit hoher Wahrscheinlichkeit dürfte dieses Geschäft früher oder später bei den etablierten Kreditkartenfirmen landen; sie sind sozusagen prädestiniert dafür. Die konventionellen Banken werden jedoch mit aller Kraft versuchen, einen Fuß in die Tür zu kriegen. Denn man darf sich von der harmlosen Bezeichnung nicht täuschen lassen: *Micropayment* hat das Potenzial, gewaltige finanzwirtschaftliche Erdrutsche auszulösen. Da könnten rasch Geldströme zustande kommen, die den Zahlungsverkehr der Banken vernachlässigbar aussehen lassen.

Das darf alles nicht verwechselt werden mit bisherigen Versuchen, «digitales Geld» einzuführen, denen wenig Erfolg beschieden war. Dies waren Versuche, mit einem Internet zurechtzukommen, das so ist, wie es eben heute ist: weitgehend anonym und mit

Skepsis zu betrachten. Ihr Scheitern zeigt, dass man das Internet grundlegend reformieren muss, ehe Dinge wie die beschriebenen möglich sind, und man kann heute in allen Computerzeitschriften verfolgen, dass genau daran gearbeitet wird.

Vielen gefällt diese denkbare Zukunft des Internets nicht. Manche, weil sie seine gegenwärtige Anonymität für dunkle Geschäfte und für das Ausleben geächteter Triebe brauchen, die meisten wohl aber, weil sie das Chaos und die Anarchie des Internets als Herausforderung empfinden, als letzten Dschungel sozusagen, den es auf Erden noch gibt, wo man zeigen kann, was man draufhat.

Doch wie alle anarchischen Zustände ihr eigenes Ende herbeiführen, wird es auch hier sein: Jeder neue Computervirus, der sich weltweit verbreitet und Schäden in Millionenhöhe anrichtet, erhöht den Druck, das System vor derlei Dingen zu schützen. Jede SPAM-E-Mail, die durch die Filterprogramme schlüpft, bringt irgendwo jemanden, der in einer Position sitzt, in der er auf die Entwicklung der Technik Einfluss nehmen kann, zum Nachdenken. Es könnte sogar passieren – etwa, wenn ein cyberterroristischer Anschlag große Teile des Internets lahmlegen und ernst zu nehmenden Schaden anrichten sollte –, dass sich beispielsweise die US-Regierung einmischt und eine Neugestaltung des Internets erzwingt. (Sämtliche *Root Server* des Internets stehen in den USA. Eine amerikanische Firma, *Cisco Systems*, besitzt die wesentlichen Leitungen und Knotenpunkte. Dass «das Internet niemandem gehört», ist eine fromme Legende.)

Da im sicheren Internet jeder Benutzer eindeutig identifizierbar sein wird, wird es Kinderpornohändlern, Pädophilen und ähnlichem Gelichter schwerer gemacht, den zuständigen Ermittlungsbehörden dafür um so leichter. Auch kleine Kinder könnten dann das Internet bedenkenlos benutzen. Unerwünschte E-Mails, Computerviren und dergleichen werden der Vergangenheit angehören – der Einsatz von raubkopierter Software allerdings auch. Da das zugrunde liegende Verifizierungsverfahren über Signaturen identisch ist mit den Verfahren, die das Recht, elektronische Inhalte zu nutzen, kontrollieren sollen, könnte es sein, dass eBooks eine Renaissance erleben und doch noch den Durchbruch zu einem ernsthaft nutzbaren Medium schaffen.

Dies ist ein Feld, auf dem im kommenden Jahrzehnt entscheidende Weichen gestellt werden. Heute sind im Internet alle gleich – ob Weltkonzern oder Schüler, eine Website ist eine Website, eine E-Mail eine E-Mail. Dies kann auch in einem neuen, sicheren Internet so bleiben – muss es aber nicht. Es hängt von den technischen, politischen und rechtlichen Entscheidungen ab, die in diesem Prozess gefällt werden. Ohne Zweifel wird es in diesem Prozess auch Versuche geben, die – aus der Sicht ihrer Nutznießer bewährten – Zustände vor Aufkommen des Internets wiederherzustellen, als man nur als Inhaber einer Schlüsselposition «senden» durfte und alle anderen sich damit begnügen mussten, zu «empfangen»; es, mit anderen Worten, ein klares Gefälle von Produzenten zu Konsumenten gab. Es wird Versuche geben, die freie Kommunikation von jedem zu jedem unter irgendwelchen Vorwänden wieder zu beschneiden. Ob diese Versuche gelingen oder nicht, wird unsere Zukunft weit mehr beeinflussen als alle «intelligenten Häuser» und vollautomatischen Kühlschränke.

Ach ja, noch ein Wermutstropfen: Irgendwann wird zweifellos auch das Internet besteuert werden. Dank *Micropayment* wird dies aber vollautomatisch geschehen, sodass es uns wenigstens erspart bleiben wird, jemals so etwas wie eine «Anlage WWW zur Einkommensteuererklärung» ausfüllen zu müssen.

Roboter und künstliche Intelligenz

In diesem Zusammenhang: Was ist eigentlich mit der viel beschworenen «künstlichen Intelligenz», die angeblich in den Labors der Computerwissenschaftler heranwächst? «Spätestens in dreißig

Jahren werden Computer so intelligent sein wie Menschen!», bekommen wir immer wieder zu hören – und zwar seit über *vierzig* Jahren! Computer, einst Domäne einer weiß bekittelten Priesterschaft aus Programmierern und Systemtechnikern, haben inzwischen Einzug in unseren Alltag gehalten, stehen auf jedem Schreibtisch, verbergen sich in Waschvollautomaten, Nähmaschinen und Telefonen und sind trotzdem von Intelligenz so weit entfernt wie eh und je. Nach wie vor sind Computer einfach nur – Maschinen.

Doch muss das für alle Zeiten so bleiben? Zurzeit ist (wenn man die Regeln ein bisschen großzügig auslegt) ein Supercomputer amtierender Schachweltmeister. Ist das nicht ein Meilenstein? Ist das nicht der Silberstreif am Horizont? Kündigt sich hier nicht die Machtübernahme durch Maschinen mit *über*menschlicher Intelligenz an?

Nicht im Mindesten. Eine Maschine spielt also besser Schach als ein Mensch – na und? Dafür bauen wir Maschinen schließlich: damit sie irgendetwas besser machen, als wir es könnten. Der Sieg von *Deep Blue* gegen Kasparow war ein Medienspektakel und die Konstruktion des Computers sicher eine technische Glanzleistung, mehr aber auch nicht. Wir wissen, dass die Vorgänge innerhalb eines Schach spielenden Computers sich völlig von denen eines Schach spielenden menschlichen Gehirns unterscheiden: Der Sieg von *Deep Blue* verschafft uns daher keine zusätzlichen Einsichten in das Funktionieren unseres eigenen Geistes.

Dass unser Geist, dass Bewusstsein letztlich eine Art Software sei, die zufällig auf der Hardware Gehirn abläuft, aber genauso gut auf jede andere Hardware übertragbar sein soll, ist ein moderner Mythos, aber keinesfalls gesicherte Tatsache. Gesicherte Tatsache ist, dass es darüber, wie Geist, Intelligenz, überhaupt Bewusstsein zustande kommen – wie es also kommen kann, dass wir *ich* sagen können; wie es zugeht, dass wir *sind* und, schlicht gesagt, aus unseren Augen hinaus in die Welt gucken können –, noch keinerlei gesicherte Tatsachen gibt.

Ich denke, die Forschung in Richtung künstliche Intelligenz spielt für die Informatik dieselbe Rolle wie die Suche nach dem «Stein der Weisen» für die Chemie: Das Ziel selbst ist nicht zu erreichen, aber von Zeit zu Zeit fällt nebenbei doch die eine oder andere Entdeckung ab, die man andernfalls vielleicht nie gemacht hätte. Wahrscheinlich werden die Computer im Lauf der Zeit besser werden, aber sie werden immer Maschinen bleiben. Über Bürgerrechte für Softwareprogramme brauchen wir uns bis auf weiteres – und wahrscheinlich nie – ernsthaft Gedanken zu machen.

Roboter dagegen sind stark im Kommen. An den Bandstraßen der Automobilindustrie längst Standard, erobern sie zusehends den Alltag. Bahnbrechend sind die in Japan verbreiteten Spielzeugroboter, doch es gibt auch schon Roboter, die Getränke mixen, selbständig die Papierkörbe in Büroetagen leeren, im Bau Ziegel stapeln oder Straßen asphaltieren. An Robotern, die in Pflegeheimen und Krankenhäusern eingesetzt werden können, wird ernsthaft gearbeitet. Es ist gut möglich, dass in naher Zukunft mechanische Begleiter für alte oder kranke Menschen üblich sein werden: Ein solches Gerät könnte Einkäufe die Treppe hochtragen, einfache Tätigkeiten im Haushalt verrichten, an die pünktliche Einnahme von Medikamenten erinnern und Hilfe herbeirufen, wenn ein Notfall eintritt.

Roboter werden es auch weiterhin sein, die man dorthin schickt, wo es für Menschen zu gefährlich ist: in die Nähe von zu entschärfenden Bomben und Minen, in die Tiefsee – oder auf andere Planeten. Im Jahre 1997 erkundete der Roboter *Sojcurner* im Auftrag der Menschheit den Mars, zumindest ein winziges Stück davon.

Womit wir beim Thema Weltraumfahrt wären.

Weltraumfahrt: Die ewige Grenze zum Unbekannten

In den frühen achtziger Jahren, als das *Space Shuttle* die Raumfahrt revolutionierte, dominierte eine Zeit lang das Gefühl, der Flug ins All sei beherrschbar geworden und lediglich teurer als ein Flug mit einem Jumbo-Jet, aber nicht grundlegend davon verschieden. Die Explosion der Raumfähre *Challenger* im Januar 1986 entlarvte dies als Illusion. Auch heute ist ein Raumflug nach wie vor eine gefährliche Angelegenheit.

Aber wie wird es weitergehen? Wird es irgendwann nicht *doch* menschliche Siedlungen auf anderen Himmelskörpern geben? Wird es eines Tages alltäglich sein, dass einem die Nachbarin erzählt, «meine Tochter zieht Ende des Monats auf den Mars»?

Raumfahrt dient einerseits der Grundlagenforschung – zwar teuer, aber das ist der Bau von Teilchenbeschleunigern auch –, zugleich ist sie jedoch immer auch Instrument militärischer, politischer oder wirtschaftlicher Zwecke. Praktisch kein auf den Weltraum bezogenes Forschungsprojekt wird in Angriff genommen, das nicht zumindest nebenbei noch andere Zwecke verfolgt.

Müßig sind Diskussionen, ob man mit Robotern nicht besser und billiger mehr erreichen könne als mit dem aufwendigen Transport grundsätzlich empfindlicher Menschenwesen durch eine lebensfeindliche Umgebung und über unausdenkbare Distanzen hinweg. Ob ein Mensch oder eine Maschine zum Einsatz kommt, wird sich nach der Fragestellung richten, und man kann getrost davon ausgehen, dass bemannte und unbemannte Raumfahrt wie bisher auch weiter nebeneinander existieren werden.

Doch wie wird es überhaupt weitergehen mit der Raumfahrt? Werden wir sie uns künftig denn noch leisten können? Oder überfordert uns alles, was über einen Kurztrip zum Mond hinausgeht, grundsätzlich?

Brot für die Welt statt Mondraketen?

Seit es Raumfahrt gibt, gibt es auch das Argument, sie sei zu teuer und das Geld, das dafür ausgegeben werde, könne anderswo auf Erden sinnvoller und nützlicher Verwendung finden. Immer dann, wenn über Erfolge in der Raumfahrt berichtet wird, hört man das besonders oft, sodass man den Eindruck gewinnen könnte, Raumfahrt sei das kostspieligste Unterfangen, das Menschen betreiben.

Nichts könnte falscher sein. Für Raumfahrt wird sogar vergleichsweise wenig Geld aufgewendet, verglichen mit anderen Dingen, die wir uns leisten. Wenn man eine globale Bilanz aufmacht, finden sich auf den ersten drei Plätzen folgende Haushaltspunkte: erstens: Energie – für nichts anderes wird so viel Geld ausgegeben. Zweitens: Waffen. Drittens: Drogen. Für Waffen und Drogen geben wir Menschen jedes Jahr weit über eine Billion Dollar aus, mithin also für Dinge, die nicht gerade dazu beitragen, das Leben auf Erden angenehmer zu gestalten.

Anders gesagt: Wir könnten uns fast jede Art von Raumfahrt leisten – es ist uns nur anderes wichtiger!

Raumstationen

Seit einigen Jahren ist die Internationale Raumstation ISS im Orbit, das erste von Menschen geschaffene Objekt, das von der Erde aus mit bloßem Auge ausgemacht werden kann.

Diese Tatsache ist zugleich ein schönes Sinnbild dafür, dass die ISS in erster Linie ein *Symbol* ist. Ein Symbol internationaler Zusammenarbeit. Ein Symbol für eine neue Entwicklungsstufe, die permanente Präsenz von Menschen im All. Und die Schwierigkeiten, die den Ausbau der Station und ihre Aufrechterhaltung begleiten – die Maschinenausfälle, die Versorgungsproblematik nach dem Absturz der Raumfähre *Columbia*, die Budgetkürzungen und die ungleichgewichtige internationale Aufgabenverteilung –, symbolisieren ebenfalls die Fragilität all dieser Gebiete: Internationale Kooperationen *sind* eben nach wie vor schwierig und die permanente Präsenz von Menschen im All keine Selbstverständlichkeit.

Wenn man sich fragt, wie es mit der ISS weitergeht und was gegebenenfalls nach ihr kommt, dann hat man sich eine Frage gestellt, die man nicht beantworten kann ohne den Gesamtzusammenhang aller Aktivitäten, die die Erforschung des Weltraums betreffen. Raumstationen werden immer irgendwelchen Zwecken dienen. Die ISS dient – nicht nur, aber in erster Linie – als Symbol; eventuelle künftige Raumstationen werden konkrete Aufgaben haben.

Wird es irgendwann einen Umsteigebahnhof im All geben? Vielleicht. Doch die Frage ist: *Wohin* wird man umsteigen?

Mondstationen

Immer wieder ist davon die Rede, eine permanent bemannte Station auf dem Mond zu errichten.

Ständig bemannte Forschungsstationen in unwirtlichen Gebieten gibt es auf Erden allenthalben; die bekanntesten dürften die in der Antarktis sein. Warum also nicht auch eine auf dem Mond, wenn wir es uns denn leisten wollten? Gut, sie wird ein bisschen weiter weg sein, und die Bezeichnung *unwirtlich* ist, was den Mond anbelangt, reichlich untertrieben, aber technisch machbar wäre es ohne Zweifel.

Ehe man das tut, müsste man allerdings klären, was man auf dem Mond eigentlich will.

Die Erforschung des Mondes selber bietet sich an; allerdings ist das keine wirklich brennende Frage. Wir wissen über den Mond schon sehr viel, mehr als zum Beispiel über den Grund der irdischen Ozeane.

Ein anderes, sehr viel interessanteres, aber auch anspruchsvolleres Projekt wäre die Errichtung eines Radioteleskops auf der Rückseite des Mondes. Da diese ständig von der Erde abgewendet ist und man somit den gesamten Mond zwischen sich und dem «elektromagnetischen Lärm» hätte, der den Erdball seit der Erfindung des Funks umhüllt, wären Einblicke ins Universum möglich, die anderswo undenkbar sind.

Interessanterweise könnte man übrigens die «Apollo»-Missionen von einst heute nicht mehr wiederholen. Zwar existieren, entgegen anders lautenden Gerüchten, durchaus noch sämtliche Baupläne der SATURN-V-Raketen – was aber nicht mehr existiert, ist ungefähr die Hälfte der damaligen Zuliefererindustrie. Damit sind diese Pläne praktisch wertlos. Wer zum Mond zurückkehren will, muss ein neues Raumfahrzeug entwickeln.

Ein Flug zum Mars

Nach der geglückten Mondlandung schien ein bemannter Flug zum Mars der logisch nächste Schritt zu sein. Doch als die Experten ihre Kostenschätzungen vorlegten, zuckte die US-Regierung zurück. Das *Apollo*-Programm hatte 25 Milliarden Dollar verschlungen, aber die Fahrkarte zum Mars würde *Hunderte* von Milliarden kosten …! Das wollte man sich dann doch nicht leisten.

Seither verstreichen die Jahre, und das Ganze fühlt sich immer mehr an wie ein Brief, den zu beantworten man zu lange vor sich hergeschoben hat: irgendwie peinlich. Und weil es sich so anfühlt, schiebt man es immer *noch* weiter vor sich her …

Könnten wir es denn überhaupt noch? Oder haben unsere Altvorderen einfach mehr draufgehabt als wir? Immerhin war ja nun seit über dreißig Jahren auch niemand mehr auf dem Mond.

Nun, zweifellos könnten wir es noch. Doch es würde anders sein. Wenn man sich die alten Raumvehikel im Museum anschaut, strahlen sie etwas aus, das dem Flair der alten Doppeldecker vergleichbar ist: Romantisch, ohne Frage, aber im Ernstfall fliegen wir doch lieber in modernen Linienmaschinen mit Klimatisierung und freundlich gereichtem Bordmenü.

Einem bemannten Flug zum Mars stehen keine technischen Probleme entgegen, die als grundsätzlich unlösbar betrachtet werden. Wahrscheinlich wäre eine solche Mission auch in den siebziger Jahren schon durchführbar gewesen. Man müsste es nur ernsthaft angehen, dazu müsste man es ernsthaft *wollen* – ein solcher Wille würde sich in dem dafür notwendigen Budget ausdrücken –, und um das wollen zu können, muss man eine klare Antwort auf die Frage haben: wozu?

In erster Linie, da brauchen wir uns keine Illusionen zu machen, wäre ein bemannter Flug zum Mars Selbstzweck. Dorthin zu gelangen, eine Gruppe von Menschen über diese unerhört weite Distanz zu befördern, sie am Leben zu erhalten und unversehrt zurückzubringen, wäre eine technische Herausforderung von elektrisierenden Dimensionen, die einige der besten Köpfe der Menschheit zu Höchstleistungen anspornen würde.

In zweiter Linie wäre es ein politisches Projekt. Eine Marsmission wäre denkbar als internationales Vorhaben, um verschiedenen Nationen eine Gemeinsamkeit zu geben, die es wert ist, kleinliche Differenzen dafür beizulegen. Oder eine Nation könnte sich dieses Ziel auf die Fahnen schreiben, um dadurch den eigenen Führungsanspruch in technisch-wissenschaftlicher wie in politischer Hinsicht zu unterstreichen.

Man kann die politische Bedeutung derartiger Projekte kaum überschätzen. Zweifellos hätte die Weltgeschichte einen komplett anderen Verlauf genommen, wäre den USA die Mondlandung nicht geglückt – oder wäre ihnen die Sowjetunion gar zuvorgekommen (was, wie wir heute wissen, allerdings nie im Bereich des Möglichen lag).

So folgt die Weltrauminitiative, die der amerikanische Präsident 2003 verkündet hat, auch eher dem letztgenannten Schema. Der Entschluss dazu dürfte nicht zuletzt durch die Erfolge der chinesischen Raumfahrt in den letzten Jahren motiviert gewesen sein. China betreibt eine Aufholjagd auf allen Gebieten und dürfte (wir werden diesen Aspekt in einem späteren Kapitel noch vertiefen) *der* große Rivale der USA im 21. Jahrhundert werden. In den USA geht man mit einigem Recht davon aus, dass die Nation, die zuerst auf dem Mars landet, die Zukunft dominiert.

Ja, und dann wäre es natürlich auch wissenschaftlich interessant, Menschen auf dem Mars zu haben.

Wir dürfen vermuten, dass dies in den kommenden Jahrzehnten geschehen wird. Dass davon die gleiche Faszination wie seinerzeit vom *Apollo*-Projekt ausgehen wird, darf man jedoch nicht erwarten. Genau wie keine Band jemals wieder so charismatisch wirkte wie seinerzeit die Beatles, wird auch kein einzelnes Raumfahrtprojekt je wieder diese Massenwirkung ausüben. (Fans anderer Bands mögen mir diese Bemerkung verzeihen. Sie stellt kein Qualitätsurteil dar, entspricht aber geschichtlichen Tatsachen.)

Rohstoffe

Müssen wir aber nicht sowieso Raumfahrt betreiben, weil wir irgendwann darauf angewiesen sein werden, Rohstoffe auf anderen Planeten zu gewinnen? Dann nämlich, wenn die Rohstoffvorräte der Erde erschöpft sein werden? Ist es nicht geradezu unsere Pflicht, jetzt, solange wir es noch können, die Möglichkeiten und Strukturen zu schaffen, über die sich künftige Generationen mit dem versorgen können, was sie brauchen? Und wäre das nicht darüber hinaus eine Möglichkeit, die Ressourcen der Erde zu schonen?

Die Gewinnung von Rohstoffen auf anderen Planeten ist grundsätzlich möglich, der Nutzen solchen Tuns aber in erster Linie eine Frage des Energieaufwandes. Nicht für die Gewinnung der Rohstoffe – diesen Aufwand hätte man auf der Erde auch –, sondern für ihren Transport.

Angenommen, man erzeugte auf dem Mond Stahl. Dieser Stahl müsste mit seiner Masse, die nun einmal da ist und nicht verhandelbar ist, aus dem Schwerefeld des Mondes emporgehoben werden, um dann wiederum ins Schwerefeld der Erde hinabgelassen zu werden. Auf welchem Wege auch immer dies geschieht, die bloße Physik der Bewegung von Körpern, wie sie seit Isaac Newton bekannt ist, definiert hierfür einen Energieaufwand, der mit keinem Trick unterschreitbar ist.

Man müsste nicht unbedingt Raketen verwenden. Da die Anziehungskraft des Mondes gering ist und es mangels Atmosphäre keinen Luftwiderstand gibt, wäre für den Transport von Gütern von der Mondoberfläche in den Weltraum ein gewaltiges Katapult vorstellbar, das gefüllte Container auf einem magnetisch gelagerten Schlitten über mehrere Kilometer hinweg beschleunigt und schließlich ins All schleudert. Mit der nötigen Präzision geworfen, könnten die Container direkt in die Erdumlaufbahn gelangen oder gar an vorausberechneten Orten auf der Erdoberfläche … nun, ja, *einschlagen*. Für Lebensmittel, Mondkeramik und dergleichen müsste man sich andere Verfahren ausdenken.

Es ist natürlich denkbar, dass Energie billiger wird. Sollte beispielsweise irgendwann Kernfusion gelingen und nutzbar werden, würde dies nicht zuletzt auch die Raumfahrt tief greifend verändern. Auf der anderen Seite könnte es, wenn Energie wenig genug kostet, immer noch billiger sein, die benötigten Stoffe aus dem

Meerwasser herauszufiltern, als sie von anderen Planeten zu holen. Denn in den Ozeanen sind alle Elemente, die es gibt, in unvorstellbaren Mengen gelöst enthalten: So übersteigt die Menge des Goldes in den Ozeanen die gesamte in der Menschheitsgeschichte an Land geschürfte Menge um das 180fache – und Ähnliches gilt für alle anderen Elemente auch. (Sie sind nur so fein verteilt, dass sich die Gewinnung aus Meerwasser mit heutigen Mitteln nicht lohnt, nicht einmal bei Gold.)

Neue Lebensräume im All?

Studiert man Zukunftsvorstellungen der Vergangenheit, fällt auf, dass darin sehr oft von der Erschließung neuer menschlicher Lebensräume die Rede ist. Bisweilen wurden aus heutiger Sicht tollkühn anmutende Projekte mit großem Engagement geplant und propagiert, in den zwanziger Jahren etwa das «Atlantropa»-Projekt: Ein Staudamm über die Meerenge von Gibraltar sollte das Mittelmeer vom Atlantik abschneiden, danach sollte das Wasser entsalzt zur Bewässerung Nordafrikas genutzt und durch die Absenkung des Mittelmeerspiegels sollten im Lauf der Zeit neue Landflächen nutzbar werden.

Es gibt wenige Projekte dieser Art, die tatsächlich mit Erfolg durchgeführt wurden; außer der holländischen Landgewinnung mit Hilfe des Zuiderdammes fällt einem dazu wenig ein. Hier und da gab und gibt es Projekte, Inseln künstlich zu errichten – im chronisch unter Landmangel leidenden Japan vor allem –, doch scheint das Verhältnis von Kosten zu Nutzen nicht so zu sein, dass man für dieses Vorgehen einen Boom voraussagen könnte.

Trotzdem wird bisweilen die Vorstellung vertreten, eine weiter entwickelte Raumfahrt böte die Möglichkeit, das anscheinend nicht zu bremsende Bevölkerungswachstum sozusagen auf andere Planeten zu «ventilieren». In vielen Science-Fiction-Romanen gehört dieses Szenario – der «Aufbruch ins All» – sozusagen zum Standardrepertoire der Zukunft.

Aber etwas wird nicht wahr, nur weil es oft genug wiederholt wird. Denn man braucht nur ein bisschen zu rechnen, um sehr bald Zweifel an der grundsätzlichen Durchführbarkeit einer solchen Evakuierungsmaßnahme zu bekommen.

Die Zahl der Menschen ist, grob gerechnet, in den letzten dreißig Jahren um 3 Milliarden gewachsen. Das macht pro Tag rund 275 000 Menschen, die man auf einen anderen Planeten hätte umsiedeln müssen – also die Bevölkerung einer mittleren Großstadt! Es fällt schwer, sich vorzustellen, wo die dazu nötige Raumschiffskapazität herkommen sollte.

Zudem: *Wohin* hätte man diese Menschen denn bringen sollen? Selbst wenn es im Jahr 1965, als die Gesamtzahl der lebenden Menschen noch drei Milliarden betrug, kein Problem gewesen wäre, sowohl auf dem Mars als auch auf dem Mond sozusagen mit einem Fingerschnippen für Menschen erträgliche Bedingungen zu schaffen und alle von da an geborenen Menschen dorthin zu verfrachten: Mars und Mond zusammen bieten nur etwa so viel Landfläche wie die Landmassen der Erde! Mit anderen Worten, eine Generation später – heute –, da sechs Milliarden Menschen leben, wären diese beiden Himmelskörper genauso dicht besiedelt wie die Erde selbst!

Raumfahrt mag eine interessante und in vielerlei Hinsicht nützliche Angelegenheit sein, eine Alternative zu einer vernünftigen Bevölkerungspolitik ist sie zweifellos nicht.

Künstliche Lebensräume und ihre Probleme

In Wirklichkeit ist es zudem nicht so einfach, eine für Menschen dauerhaft zuträgliche Umgebung künstlich zu schaffen. Sowohl auf dem Mars als auch auf dem Mond gibt es außer Platz wenig.

Sauerstoff, Wärme, Nahrung und so weiter – alles müsste künstlich erzeugt werden. Darin haben wir Menschen noch wenig Erfahrung, und die wenige Erfahrung ist eher negativer Natur.

Im Jahr 1984 wurde, gesponsert von einem Milliardär, in der Wüste von Arizona mit dem Bau von «Biosphere II» begonnen, einem künstlichen, von der Außenwelt völlig abgeschlossenen Ökosystem. Es stellte den ersten Versuch dar, eine für menschliches Leben dauerhaft taugliche Umgebung künstlich nachzubauen. In einem 12 Hektar großen Gebäude, das eine künstliche Wüste, einen künstlichen Sumpf, eine künstliche Savanne, einen künstlichen Regenwald und den größten je von Menschenhand erbauten Ozean umschloss, sollten Menschen ohne jeden Stoffaustausch mit der Umgebung leben können. So sollten die technischen und wissenschaftlichen Voraussetzungen dafür geschaffen werden, einmal menschliches Leben auf anderen Planeten oder im Weltraum zu ermöglichen. Doch zwei entsprechende Langzeitversuche in den Jahren 1991 und 1994 mit Besatzungen von bis zu acht Personen mussten abgebrochen werden, weil das ökologische Gleichgewicht innerhalb des hermetisch abgeriegelten Gebäudes so weit außer Kontrolle geriet, dass das Leben der Insassen gefährdet war. Es scheint, dass derzeit die Schaffung einer dauerhaften künstlichen Lebenssphäre noch außerhalb der menschlichen Möglichkeiten liegt.

Das muss freilich nicht immer so bleiben. «Biosphere II» war nur ein erster Versuch und mit einem Aufwand von 150 Millionen Dollar nur unwesentlich teurer als ein etwas aufwendigerer Hollywood-Film. Würde man sich der Sache mit derselben Akribie und Leidenschaft widmen wie, sagen wir, der Entwicklung eines neuen Formel-I-Motors, wäre es nur eine Frage der Zeit, bis die seinerzeit aufgetretenen Probleme gelöst wären.

Doch die Frage bliebe, wozu man zur Erschließung neuen Lebensraumes unbedingt in den Weltraum gehen muss. Wenn es um Platz ginge, wäre es zwar durchaus anspruchsvoll, aber insgesamt immer noch weniger aufwendig und gefährlich, statt anderer Planeten erst einmal den Grund der irdischen Ozeane zu besiedeln.

Eigentlich zeigt die Tatsache, dass wir leichtfertig davon ausgehen, einen Himmelskörper wie den Mars besiedeln zu können – gut, es ist ein bisschen frisch da droben; bauen wir eben gigantische Kuppelstädte oder, noch besser, wir *terraformen* gleich den ganzen Planeten –, für wie selbstverständlich wir den Lebensraum Erde halten. Erde, Wasser, Luft, erträgliche Temperaturen und so weiter – das ist ja einfach da und kostet nichts.

Letztendlich resultieren alle Umweltprobleme, die wir schaffen, aus dieser allzu geringen Wertschätzung.

Vielleicht wäre es ganz lehrreich, jemand würde einmal versuchen, menschlichen Lebensraum irgendwo im All künstlich zu schaffen. Er würde bald merken, dass all das, was wir als selbstverständlich hinzunehmen gewohnt sind, keineswegs selbstverständlich ist.

Und deshalb schauen wir uns einmal an, wie so etwas aussehen könnte.

Inseln im All

Die ausgefeiltesten Pläne hierfür entwickelte schon in den siebziger Jahren der amerikanische Physiker Gerard K. O'Neill. Er schlug vor, damit zu beginnen, künstliche Inseln im All zu schaffen – Bauwerke, gewaltiger als alles, was Menschenhand je zuvor errichtet hat. Riesige Ringe etwa mit Innenflächen von mehreren Quadratkilometern, bewohnt von 10000 Siedlern, die auf künstlichem Ackerboden Landwirtschaft betreiben würden. Und das wäre erst der Anfang, denn eine solch kleine Weltraumstadt wäre immer noch auf Versorgung durch die Erde angewiesen. In weiteren Ausbaustufen würden Großkolonien von 150000 Siedlern und mehr entstehen, untergebracht in 30 Kilometer langen Zylindern von 6 Kilometern Durchmesser und einer Wandinnenfläche mehr als halb so groß wie Luxemburg. Das Baumaterial dafür könne beispielsweise aus dem Asteroidengürtel kommen.

Befürworter solcher Pläne argumentieren gern damit, dass man im Weltraum ja problemlos großzügiger bauen kann, weil es keine Schwerkraft gibt, folglich auch nicht die statischen Probleme, die man mit vergleichbaren Bauten auf der Erde hat. Sobald man das eingeräumt hat – denn es ist richtig –, erklären sie einem dann, dass es nötig ist, die Raumstationen um eine Achse rotieren zu lassen, um durch die dabei entstehende Fliehkraft an Bord künstliche Schwerkraft zu erzeugen. Auch das ist richtig, denn dauerhaft in Schwerelosigkeit zu leben hat sich als eher ungesund herausgestellt – bloß macht es das vorangegangene Argument wieder zunichte: Einer Baustatik ist es weitgehend egal, ob die wirkende Schwerkraft künstlichen oder natürlichen Ursprungs ist.

Doch andererseits gleichen die Verheißungen der Nanotechnologie aus, was wir heute an Großzügigkeit im Denken eingebüßt haben mögen: Mit den neuen Werkstoffen, die sich da am Horizont der Forschung abzeichnen, wäre der Bau kilometergroßer Weltraumkolonien in der Tat eine leichte Übung.

Wo würden diese Weltraumkolonien angesiedelt? Nicht in engen Umlaufbahnen um die Erde. Der erdnahe Weltraum ist voller Satelliten, denen derartige Ungetüme ernsthaft im Weg wären. Außerdem droht von ausgebrannten Raketenendstufen, toten Satelliten und anderem Weltraumschrott eine nicht zu unterschätzende Gefahr, die umso größer ist, je größer das Raumfahrzeug ist.

Aber ansonsten steht quasi das ganze Sonnensystem zur Verfügung. O'Neill schlug vor, die ersten «Weltraumhabitate» an den so genannten Lagrange-Punkten zu errichten. Hierbei handelt es sich um relativ große und auch weitgehend stabile Regionen, in denen sich die Anziehungskräfte zwischen zwei Himmelskörpern – etwa der Erde und dem Mond – gerade ausgleichen, sodass ein

Körper, der dort platziert würde, einfach an Ort und Stelle bleiben würde.

Kein Problem wäre die Energieversorgung, vorausgesetzt, die Kolonien halten zumindest ungefähr den gleichen Abstand zur Sonne ein wie die Erde (wobei der zur Verfügung stehende Spielraum beträchtlich ist). Im freien Raum steht mehr Energie zur Verfügung, als man je verbrauchen könnte; so viel in der Tat, dass man sich davor *schützen* muss! Eine Raumkolonie würde ein ausgeklügeltes System von Lichtschleusen, Wärmeaufnahme- und Wärmeabstrahlvorrichtungen benötigen, um in ihrem Inneren Temperaturverhältnisse aufrechtzuerhalten, die für Menschen zuträglich sind. Dass das kein triviales Problem ist, haben die bereits erwähnten Erfahrungen mit *Biosphere II* deutlich gezeigt.

Ein derzeit noch ungelöstes Problem wäre die Gefährdung einer Weltraumkolonie durch größere Meteoriten. Schließlich hätte ein solcher künstlicher Zylinder keine Atmosphäre, in der die beständig auftreffenden winzigen und weniger winzigen Gesteinstrümmer aus den Tiefen des Alls verglühen könnten. Man müsste also andere Lösungen finden, genau wie für den Schutz gegen kosmische Strahlung sowie gegen die bisweilen auftretenden und außerhalb des die Erde umschließenden Van-Allen-Schutzgürtels mitunter höchst gesundheitsschädlichen Sonnenstürme.

Und wenn wir schon dabei sind, treiben wir die Utopie doch noch weiter: Vorstellbar wären schließlich auch große, technisch höchstentwickelte Kolonien, die ihre Energie nicht mehr von der Sonne beziehen, sondern mit Hilfe von Fusionsreaktoren oder dergleichen völlige Autarkie erreichen. Diese könnten dann auch weit draußen im Sonnensystem stationiert werden – oder es sogar verlassen, um als komfortable Generationenraumschiffe gemächlich in die Tiefen der Milchstraße vorzustoßen.

Per Fahrstuhl in die Erdumlaufbahn

Die schwierigste, riskanteste und energieaufwendigste Etappe der meisten Weltraummissionen ist die erste: der Aufstieg von der Erdoberfläche in die Erdumlaufbahn. Ist man erst einmal dort oben, hat man alle Möglichkeiten. Man kann mit Sonnenzellen oder Sonnenkraftwerken Energie in beliebiger Menge erzeugen, kann automatische Sonden mit minimalster Beschleunigung auf den Weg schicken.

Es wäre also vorteilhaft, wenn man für den Weg hinauf in die Umlaufbahn eine bessere Methode finden könnte als die, auf dem Düsenstrahl riesiger, teurer, die Umwelt verschmutzender Raketen zu reiten.

Eine faszinierende und im Prinzip durchführbare Idee existiert seit Jahrzehnten: der «Fahrstuhl zu den Sternen».

Angenommen, man befestigt ein Seil an einem Haken im Boden, zieht es in die Höhe und lässt es dann los. Was passiert? Es fällt wieder zu Boden. Richtig, aber was, wenn es ein sehr langes Seil wäre? Ein *sehr*, sehr langes? Ein, sagen wir, 50 000 km langes Seil?

Wenn man in diesen Dimensionen denkt, wird einem klar, dass man ein Seil nur weit genug in den Weltraum spannen müsste, damit es oben bleibt: dann nämlich, wenn die aufgrund der Rotation der Erde auf das Seil wirkende Zentrifugalkraft höher wäre als sein Gewicht. Und hat man einmal das erste Seil in Position gebracht, kann man an diesem entlang weitere Seile hinaufbefördern. Man könnte eine Raumstation an das Ende eines Bündels solcher Spannseile hängen und dann alles weitere Material bequem mit einer Art Fahrstuhl ins All schaffen, sei es nun Bedarf für die Raumstation selbst oder Teile von im All zu bauenden Raumschiffen. Man könnte die Raumstation mit einem Sonnenkraftwerk ausstatten und alle Energie, die nicht für den Betrieb der Station und des Fahrstuhls benötigt wird, per Kabel zur Erde leiten. Und steht einmal eine Station, ist es ein Leichtes, weitere Seile an anderen Punkten entlang des Äquators zu verankern, sie über den ersten Lift ins All zu hieven und so weitere Außenstationen zu errichten. Von da an bräuchte man dann keine Raketen, keine Treibstoffe und keine Hitzeschilde mehr, um ins All und aus dem All zurückzukommen, sondern nur noch elektrischen Strom – und selbst den würde die Sonne liefern.

50 000 km sind allerdings, das muss man berücksichtigen, eine verdammt lange Strecke. Das hieße, ein Seil vom Boden bis zu einem der Fernsehsatelliten zu spannen und noch weit darüber hinaus. Wir kennen noch kein Material, das dieser Beanspruchung gewachsen wäre – allerdings mag uns die Nanotechnologie eines Tages ein solches Material in die Hand geben.

Auch die Fahrt mit dem Fahrstuhl selbst wäre mit dem, was wir so kennen, nicht zu vergleichen: Selbst wenn sich die Kabine mit Schallgeschwindigkeit bewegte, dauerte es immer noch zwei Tage, bis man in der Raumstation ankäme. Aber das ist das kleinste Problem: Es spricht ja nichts dagegen, dass der Lift sich – außer auf den untersten dreißig, vierzig Kilometern, wo er die Atmosphäre durchqueren muss und es ratsam sein dürfte, die Schallgeschwindigkeit nicht zu überschreiten – nahezu beliebig schnell bewegt.

Der unwiderstehliche Drang zu den Sternen

Es mag nach all dem, was ich bis jetzt an skeptischen Dingen über Weltraumfahrt gesagt habe, verwundern, dass ich dennoch davon überzeugt bin, dass Raumfahrt unweigerlich ein Teil unserer Zukunft sein wird.

Warum? Weil es in unserer Natur liegt. Seit es Menschen gibt, schauen sie des Nachts zum Sternenhimmel empor und fragen sich, was es damit auf sich haben mag. Wir wissen heute ein wenig mehr darüber, wir wissen, dass da draußen unermessliche Weiten sind – wir *können* uns nicht einfach abwenden und sagen: «Uns doch egal.»

Warum besteigt jemand den Mt. Everest? «Weil er da ist.»

Aus keinem anderen Grund werden Menschen immer neue Anstrengungen unternehmen, in die Tiefen des Alls vorzustoßen: *weil sie da sind.*

Meine diesbezügliche Vision ist sehr konkret und macht sich an den in der Wahrnehmung der Öffentlichkeit bislang noch wenig beachteten Erfolgen fest, die in den letzten Jahren bei der Suche nach so genannten *extrasolaren Planeten* erzielt wurden – nach Planeten also, die andere Sonnen als die unsere umkreisen, weit draußen im All.

Lange Zeit war umstritten, ob die Entstehung eines Planetensystems um eine Sonne überhaupt ein so selbstverständlicher Vorgang sei, dass man ernsthaft damit rechnen könne, irgendwo im All noch einmal auf eines zu stoßen. Bis endlich, im Jahr 1995, die Schweizer Astronomen Michel Mayor und Didier Queloz den ersten extrasolaren Planeten entdeckten, einen mehrfach jupitergroßen Begleiter des Sterns 51 Pegasi b.

Seither erzielen die *planet hunters*, wie sich die Astronomen, die diese Suche betreiben, nicht ungern bezeichnen lassen, Erfolg um Erfolg, und das sogar mit wachsender Geschwindigkeit: Anfang 2004, keine zehn Jahre später, waren schon weit über 100 extrasolare Planeten bekannt.

Die meisten bislang entdeckten extrasolaren Planeten sind allerdings Giganten, Gasplaneten wie Jupiter oder Saturn vermutlich, die zudem ihre Sonnen meist auf extremen Bahnen umkreisen. Das hat aber über die generelle Beschaffenheit von Planeten außerhalb unseres Sonnensystems nichts zu sagen: Es ist einfach so, dass aufgrund der bisherigen Suchmethoden solche Planeten am leichtesten zu entdecken sind.

Und die Suche geht weiter. Immer neue, verfeinerte Methoden werden entwickelt, neue Beobachtungsgeräte gebaut. So wird im

Jahr 2006 das Interferometer des Very Large Telescope (VLTI) der Europäischen Südsternwarte ESO vollends funktionstüchtig sein, das weitab des Smogs und des Lichts großer Städte auf dem hoch gelegenen Gipfelplateau des Cerro Paranal in der Atacama-Wüste im nördlichen Chile errichtet wurde. Das Auflösungsvermögen des dann weltweit größten und modernsten bodengestützten Observatoriums wird 50-mal besser sein als das des Weltraumteleskops *Hubble*. Bei der NASA wiederum gibt es Pläne, ab 2012 ein neues, *noch* leistungsstärkeres optisches Teleskop in die Erdumlaufbahn zu bringen. Zweifellos wird man also in naher Zukunft noch weitere Planeten entdecken, die andere Sonnen als die unsere umkreisen, und zweifellos wird man immer häufiger auch kleinere, d.h. «normalere» Planeten finden.

Mit anderen Worten: Es ist nur eine Frage der Zeit, bis ein Planet entdeckt wird, der eine zweite Erde sein könnte.

Und ich wage die Prophezeiung, dass uns *das* nicht ruhen lassen wird. Das wird nicht einfach ein schnell verpuffendes Medienereignis sein, sondern eine Wende von kopernikanischen Ausmaßen in unserem Denken auslösen. Eine andere Erde? Eine Schwesterwelt? Vielleicht nicht bewohnt, aber bewohn*bar*? Nichts und niemand wird uns davon abhalten, dorthin zu gelangen. Die bloße Vorstellung wird Generationen beschäftigen, anspornen, locken, bis in die Träume hinein verfolgen. Erfindungen werden gemacht werden, Pläne werden geschmiedet werden. Wir werden weder Kosten scheuen noch Mühen. Es mag tausend Jahre dauern oder mehr, es wird Erfolge geben und danach Rückschläge, vielleicht Stillstand über Jahrzehnte oder gar Jahrhunderte – aber der Tag wird kommen, an dem ein Mensch seinen Fuß auf diese Welt setzt.

Und deshalb gehe ich davon aus, dass es weiterhin Raumfahrt geben wird.

Energie: Unser Schicksal

Alle Entwicklungsrichtungen, die wir bis jetzt besprochen haben, sind hohe, rasch treibende Äste an einem sehr großen und sehr alten Baum, der «technische Zivilisation» heißt. Dieser Baum wurzelt in – *Energie*. Technische Zivilisation steht und fällt mit der Energieversorgung, und ihre Leistungsfähigkeit ist in erster Linie eine Frage der zur Verfügung stehenden Energiemengen und des Aufwandes, den man für ihre Nutzung betreiben muss.

Es ist also ein wichtiges Gebiet, weswegen es Zeit wird, dass wir es uns genauer ansehen. Denn was immer andere Technologien an Entwicklungen ermöglichen werden oder nicht, letztendlich hängen sie davon ab, dass ausreichend Energie vorhanden ist.

Das Ende des Ölzeitalters

Die kommenden Jahrzehnte werden sehr stark geprägt sein vom allmählichen Versiegen des Öls. Den Höhepunkt der Förderung, schätzt man, haben wir um das Jahr 2002 herum passiert, mit anderen Worten, die *Hälfte* allen Öls, das die Erde je besessen hat, ist bereits verbraucht. Die zweite Hälfte des Ölzeitalters wird jedoch nicht so lange dauern wie die erste: Zum einen ist der Verbrauch heutzutage natürlich wesentlich höher, zum anderen ist die Ausbeutung der zweiten Hälfte einer Ressource naturgemäß aufwendiger als die der ersten Hälfte. Wir kennen das aus dem Alltag, wenn wir z. B. ein Glas Joghurt oder dergleichen essen: Die ersten Löffel lassen sich mühelos füllen – doch zum Schluss hin muss man kratzen. So ähnlich verhält es sich mit Ölfeldern auch; je leerer sie werden, desto mühsamer wird es, Öl daraus zu fördern. Dieser Effekt wird in einigen Jahren zu unaufhaltsamen Preissteigerungen führen. Die gegenwärtige Praxis «politischer Preisgestaltung» beim Öl wird sich irgendwann nicht mehr fortsetzen lassen.

Es gibt Stimmen, die darauf verweisen, dass immer wieder neue Ölfelder gefunden würden und sich die ausgewiesene Reservemenge in den letzten Jahrzehnten trotz steigenden Verbrauchs sogar erhöht habe. Tatsächlich ist aber seit 30 Jahren kein wirklich großes Ölfeld mehr gefunden worden – die letzte wirklich große Entdeckung war das Ölfeld unter der Nordsee Anfang der sechziger Jahre –, und da man inzwischen ziemlich genau versteht, unter welchen Bedingungen es zur Entstehung von Erdöl gekommen ist, und weiß, wo diese zu welchen Zeiten der Erdgeschichte geherrscht haben, ist auch nicht mehr damit zu rechnen. Gefunden werden hier und da kleinere Ölfelder, doch der Hauptstrom kommt aus den arabischen Feldern, in denen die Hälfte allen überhaupt existierenden Öls liegt und die bereits in den fünfziger Jahren erschlossen wurden.

Richtig ist, dass die ausgewiesenen Reserven zunehmen. Doch dies sind in der Hauptsache buchhalterische Tricks. Die in den Kartellabsprachen der OPEC-Staaten jedem Land zugestandene Fördermenge richtet sich nach den Reserven, die es noch besitzt. Wenn eine Regierung mehr Geld braucht – bekanntlich ein Dauerzustand von Regierungen –, rechnet sie sich kurzerhand die Reserven schön, damit das Land mehr Öl verkaufen kann, ohne den Wortlaut der Abmachungen zu verletzen. Dies wird Beobachtungen verschiedener Institute zufolge seit Jahren immer mehr gängige Praxis, und man muss davon ausgehen, dass viele der Reserven überhaupt nicht existieren. (Im Lichte dessen war es keine Überraschung, als im Januar 2004 der britisch-niederländische

Ölkonzern *Shell* einräumte, seine bisher als gesichert angesehenen Rohölvorkommen um 20 Prozent zu hoch angesetzt zu haben.)

Richtig ist auch, dass zunehmend Vorkommen von so genanntem unkonventionellem Öl erschlossen werden. Darunter versteht man Ölschiefer, Öl- oder Teersand, Schweröl, Flüssiggas, Tiefseeöl, Polaröl, Gashydrate und dergleichen. Diese Vorkommen werden erst jetzt erschlossen, weil sie *schwierig* zu erschließen sind – meist finden sie sich in klimatisch oder geographisch extremen Gebieten – und weil ihre Erschließung nicht sehr effektiv ist.

Das Ende des Ölzeitalters wird nämlich nicht bestimmt von der Menge des noch vorhandenen Öls, sondern von der Menge des noch vorhandenen *billigen* Öls. Das klingt wie ein Wortspiel, ist es aber nicht, denn zwischen beiden Bereichen lässt sich eine messerscharfe Grenze ziehen: Sobald die Gewinnung eines bestimmten Quantums Öl mehr Energie verbraucht, als sich daraus gewinnen lässt, ist dieses Öl keine Energiequelle mehr! Auch wenn dieser Punkt einmal weltweit erreicht sein wird, wird sich immer noch sehr viel Öl in allen möglichen Formen in der Erde befinden. Vielleicht wird es auch noch gefördert werden, aber nicht mehr zum Zweck der Energiegewinnung, sondern als Rohmaterial für die vielen anderen interessanten Dinge, die man aus Erdöl machen kann. (Im Grunde ist es eine Verschwendung, Öl einfach zu verheizen.)

Was kommt danach? Das hängt in hohem Maße davon ab, wie wir uns auf den Übergang einstellen. Hier wirken unterschiedliche Interessen, und wie der Übergang bewältigt wird, ist eine Frage dessen, wie sich diese durchsetzen oder einigen.

Die Erdöl produzierenden Länder (eigentlich ein sehr beschönigender Ausdruck, denn diese Länder *produzieren* das Erdöl ja nicht – das hat die Natur vor Hunderten von Jahrmillionen besorgt –, sie holen es nur aus der Erde) sind naturgemäß nicht daran interessiert, dass der Rest der Welt auf andere Energieträger umsteigt, solange sie noch Erdöl zu verkaufen haben. Aus diesem

Grund werden sie auch weiterhin Wert darauf legen, den Eindruck zu erwecken, sie hätten enorme Vorräte: Darin liegt für die Energie verbrauchenden Länder die unausgesprochene Drohung, den Markt mit billigem Öl zu überschwemmen, sollten diese ernsthaft in alternative Energien investieren – eine marktpolitische Maßnahme, die derartige Investitionen wertlos machen würde.

Wir Konsumenten neigen dazu, denen zu glauben, die uns versprechen, dass die Ölversorgung auch künftig kein Problem sein wird und jeder, der etwas anderes sagt, nur dummes Zeug redet.

Die Mineralölindustrie agiert uneinheitlich. Einerseits wird nach außen hin signalisiert, dass man alles im Griff hat und es noch lange, lange Zeit Heizöl, Benzin, Kerosin und so weiter geben wird. Das bedeutet andererseits nicht, dass man sich nicht teilweise intern bereits auf die Zeit nach dem Öl vorbereitet. Die europäischen Mineralölkonzerne BP und vor allem Shell investieren schon seit geraumer Zeit in Forschung und Entwicklung alternativer Energiequellen, während etwa der amerikanische Ölmulti ExxonMobil nach wie vor voll auf Öl setzt und auf die Verbesserung der Fördertechnik für unkonventionelle Ölvorkommen.

Die einen tun so als ob, die andern stecken den Kopf in den Sand – gute Voraussetzungen, dass es eines Tages zu einer *harten Landung* kommt, sprich zu einem «bösen Erwachen». Dann versiegen auf einmal Ölquellen, von denen man sich noch Millionen von Barrel versprochen hat, die Preise ziehen an, und weil die Preise anziehen, wird gehortet, sodass die Preise noch weiter ansteigen – ein typisches Crash-Szenario, nur diesmal nicht an der Börse, sondern auf dem Rohölmarkt. Flugzeuge bleiben am Boden, Tankstellen rationieren die Abgabe, Heizöl wird unerschwinglich, rund um die Raffinerien und Öltanks fahren Panzer auf, und die Weltwirtschaft stürzt in eine dramatische Rezession.

All das muss nicht passieren, wenn man – ähnlich wie man sich auf das «Jahr-2000-Problem» der Computer vorbereitet hat – rechtzeitig entsprechende Maßnahmen trifft, damit das Ölzeitalter mit einer *weichen Landung* enden kann. Hier sind die Regierungen gefragt, übrigens auch die der Erdöl produzierenden Länder, die ebenfalls gern den Kopf in den Sand zu stecken scheinen (von dem es ja in vielen dieser Länder auch jede Menge gibt). Doch auch für die Länder des Nahen Ostens wird es eine Zeit nach dem Öl geben, und bei entsprechend klugem Investment haben diese Länder, wie wir gleich sehen werden, sogar alle Voraussetzungen, auch dann noch eine Schlüsselrolle in der Energiewirtschaft spielen zu können.

Andere fossile Energien

Was, muss an dieser Stelle gefragt werden, ist eigentlich mit den anderen fossilen Energien wie Kohle und Gas? Können sie ein Ersatz für das Öl sein? Kaum. Für die Reserven an Gas gilt ungefähr das Gleiche wie für das Erdöl: Auch sie werden voraussichtlich noch zu unseren Lebzeiten zur Neige gehen. Die Kohlevorräte der Erde sind weitaus größer, allerdings als Energiequelle auch bei weitem nicht so attraktiv wegen des enormen Schadstoffausstoßes bei der Verbrennung.

Sowohl Gas als auch Kohle haben gegenüber dem Öl ferner einen deutlichen Nachteil: Man kann keine Fahrzeuge damit betreiben (zumindest nicht ohne weiteres). Die Derivate des Erdöls – also Benzin, Diesel, Kerosin usw. – sind, das muss man ganz klar sagen, überaus leistungsfähige Treibstoffe für Fahrzeuge, die nicht so einfach zu ersetzen sein werden.

Die bloße Stromgewinnung mit Hilfe stationärer Kraftwerke ist dagegen eine relativ simple Aufgabe. Da ein Kraftwerk seinen Brennstoff nicht mit sich herumfahren muss, ist dessen Energiedichte von zweitrangiger Bedeutung; ein Kraftwerk kann man im Prinzip mit allem betreiben, was brennt. In Deutschland spielt Öl für die Energieerzeugung übrigens auch keine nennenswerte Rolle.

Es ist damit zu rechnen, dass im Zuge der Energieumstellung auch die Atomenergie wieder ins Gespräch kommen wird. In den jetzigen Industriestaaten ist eher nicht mit dem Bau neuer Atomkraftwerke zu rechnen; hier legt die Energiewirtschaft nach den bisherigen Erfahrungen mit dem öffentlichen Widerstand, der Entsorgungsproblematik und angesichts der Risiken wenig Lust an den Tag, erneut in die Kernenergie einzusteigen. Anders mag es in den «Schwellenländern» sein, also den wirtschaftlich aufsteigenden Nationen der Dritten Welt. Hier wird sich vermutlich das eine oder andere Land für den Bau von Atomkraftwerken interessieren. Dies wird dann jeweils auch politische Auswirkungen haben, da die Welt einem solchen Staat – vielleicht sogar zu Recht – unterstellen wird, sich in den Besitz von Nuklearwaffen bringen zu wollen.

Doch auch der «Brennstoff» für Atomkraftwerke, Uran nämlich, ist nur in begrenzten Mengen verfügbar. Eine dauerhafte Lösung wäre Atomenergie also nicht einmal dann, wenn sie die sattsam bekannten Probleme und Gefahren nicht aufwiese.

Es wird möglicherweise Versuche geben, heute noch überhaupt nicht genutzte Rohstoffe als Energiequellen anzuzapfen. So finden sich auf dem Grund der Weltmeere, vor allem in den arktischen Regionen und entlang des Kontinentalschelfs, enorme Mengen eisähnlicher Klumpen, die aus Hydraten verschiedener Gase bestehen, vor allem aus Methan. Es gibt Berechnungen, wonach sich hieraus Energie in großem Umfang gewinnen ließe, wenn es gelänge, diese Gashydrate zu fördern, doch ist dies noch ein weitgehend spekulatives Gebiet.

Energiesparen durch Nachdenken

Viele Staaten ohne eigene Ölvorkommen sind sich in der Folge der Ölkrise von 1973 ihrer Verletzlichkeit und Abhängigkeit bewusst geworden. Die meisten von ihnen haben einen Kurs eingeschlagen, der darauf abzielt, die benötigte Energie aus möglichst vielen verschiedenen Quellen zu beziehen und dann sparsam damit umzugehen. Dies trifft vor allem für die meisten europäischen Staaten und für Japan zu.

Dennoch wird nach wie vor viel Energie durch Festhalten an alten Konzepten vergeudet.

So hat beispielsweise jedes Haus in Deutschland das gleiche Problem: Wenn es kalt ist – was das halbe Jahr der Fall ist –, muss es beheizt werden. Um dieses Problem zu lösen, ist ein Heizbrenner eingebaut, der beispielsweise mit Öl oder Gas betrieben wird, vielfach finden sich auch elektrische Heizungen, die jedoch sehr teuer sind.

Kraftwerke haben das umgekehrte Problem. Von der insgesamt durch Verbrennung erzeugten Energie lässt sich nur etwas mehr als ein Drittel in elektrischen Strom umwandeln, den Rest der Wärme muss das Kraftwerk loswerden. Die meisten Kraftwerke tun dies, indem sie Flusswasser zur Kühlung verwenden, was zu einer Belastung der Umwelt durch Abwärme führt, die Ökologie der Flüsse durcheinander bringt und den Gegenden, in denen große Kraftwerke arbeiten, mehr Nebeltage beschert, als sein müssten. Dies gilt, wohlgemerkt, für jede Art von Kraftwerk, egal, was es verfeuert, und es gilt auch für Atomkraftwerke. Dass thermische Energie nur zu einem Teil in Strom umgewandelt werden kann, ist ein thermodynamisches Gesetz und nicht zu umgehen.

Doch da heutzutage alles vom Segen der Vernetzung redet: Wäre es nicht, anstatt Toilette, Zahnbürste und Terminkalender miteinander vernetzen zu wollen, wesentlich sinnvoller, Wohnhäuser und Kraftwerke zum gegenseitigen Nutzen miteinander zu verbinden, zwei Dinge also, die einander ergänzen wie Schlüssel und Schloss?

Das Konzept heißt «Kraft-Wärme-Kopplung» und geht weit über die Idee, die Abwärme eines Kraftwerks als Fernheizung zu nutzen, hinaus. Die Idee ist, anstatt großer, zentraler Kraftwerke viele kleine Kraftwerke zu installieren: eines pro Wohnblock oder gar pro Haus. Diese Kraftwerke würden Strom ins Netz einspeisen und ihre Abwärme in den Heizungen der Häuser loswerden. (Wo sie sie im Hochsommer loswerden, wäre ein noch zu lösendes Problem.) Es gibt Berechnungen, wonach man bei großflächiger Umsetzung dieses Konzepts bis zu 20 Prozent des gesamten deutschen Ölverbrauchs einsparen könnte, ohne dass irgendjemand auch nur eine Glühbirne mehr ausschaltet oder einen einzigen Heizkörper mehr abdreht als jetzt.

Initiativen in diese Richtung kommen interessanterweise nicht von staatlicher Seite, sondern aus der Industrie: Immer mehr Industriebetriebe gehen dazu über, ihren Strom mit kleinen Blockheizkraftwerken selbst zu erzeugen und die Abwärme über Fernheizungssysteme in ihrer Nachbarschaft zu verkaufen, und auch andere Betreiber von Feuerungseinrichtungen, Müllverbrennungsanlagen etwa, entdecken dieses zusätzliche Geschäft.

Energiesparen erfordert nicht nur Nachdenken, es fördert allem Anschein nach auch die Kreativität – jedenfalls ist es auffällig, dass gerade die Nationen mit den höchsten Energiepreisen zu den wirtschaftlich erfolgreichsten zählen, während Länder, die Energie in Hülle und Fülle besitzen, eher durch Misswirtschaft auffallen.

Wind und Wasser

Die Nutzung von Wasserkraft zur Stromerzeugung hat eine lange Tradition, die man zweifellos weiterhin pflegen wird. Es ist jedoch eben aufgrund dieser langen Tradition unwahrscheinlich, dass in den kommenden Jahren in großem Maßstab zusätzliche Wasserkraftwerke gebaut werden, denn abgesehen von einigen Entwicklungsländern wird die Wasserkraft überall da, wo man sie nutzen kann, bereits genutzt.

Windenergie dagegen hat nach belächelten Anfängen nach dem

Krieg eine steile Karriere gemacht (dank staatlicher Subventionen) und inzwischen ihren Platz in der Palette der Energiequellen gefunden, schneller sogar, als selbst ihre optimistischsten Befürworter geglaubt hatten. Heute sind in Europa Windenergieanlagen installiert, die bis zu 17 Giga-Watt Leistung in die Netze einspeisen können, was der Stromerzeugung von vier herkömmlichen Großkraftwerken entspricht oder circa ein Prozent des innerhalb der EU benötigten Stroms.

Inzwischen regt sich allerdings zunehmend Widerstand gegen die Verschandelung des Landschaftsbildes, die Windparks darstellen. Ein oder zwei Windräder mögen ja ganz elegant aussehen – aber angesichts einer weiten Ebene, auf der sich Hunderte davon drehen, wird manch einem regelrecht schwindlig.

Um diesem Nachteil auszuweichen, will man große Windparks *off-shore* errichten, also draußen auf dem freien Meer, wo sie niemanden groß stören (Vögel kommen besser mit Windrädern zurecht, als man gedacht hat – möglicherweise gilt dies auch für Fische, die sich an ungewohnte Geräusche gewöhnen müssten) und wo der Wind auch stärker und gleichmäßiger weht als an Land. Sogar Mineralölkonzerne überlegen, in dieses Geschäft einzusteigen, weil sie hier ihr beim Bau von Bohrplattformen gewonnenes Know-how zu vermarkten hoffen.

Trotzdem wird Windenergie nie mehr als eine Ergänzung zu anderen Energiequellen sein können, aus dem einfachen Grund, dass auf den Wind kein Verlass ist. Strom kann nicht gespeichert werden – jedenfalls nicht in großem Maßstab –, sondern muss in dem Moment erzeugt werden, in dem er gebraucht wird. Wasser fließt immer, Kessel kann man anheizen, doch dem Wind zu befehlen wird auch künftig nicht möglich sein.

Neue Antriebe für Fahrzeuge

Empfindlicher als die Stromversorgung wird der Wegfall des Erdöls das Verkehrswesen treffen: Wie schon erwähnt, sind Benzin und seine Verwandten sehr leistungsfähige und zugleich relativ betriebssichere Treibstoffe für Fahrzeuge, und hierfür einen Ersatz zu finden wird nicht leicht sein.

Ersatzstoffe gibt es, aber sie sind nicht unproblematisch. Schon heute fahren manche Traktoren mit Biodiesel, bei dem es sich im Grunde um Pflanzenöl handelt. Methanol, also die einfachere Form des normalen Alkohols, wäre ebenfalls ein leistungsfähiger und, was die Verbrennungsprodukte anbelangt, sogar ein noch saubererer Treibstoff. Doch beide Stoffe müssen aus Pflanzen gewonnen werden, was aufwendig ist und bei großmaßstäblicher Nutzung kostbare, weltweit knapper werdende Anbauflächen blockieren würde. Vor allem aus letzterem Grund wird dies vermutlich nur eine Nischenlösung bleiben.

Die Automobilindustrie setzt auf ganz neue Konzepte. Elektrische Antriebe an sich wären technisch wesentlich einfacher als Benzinmotoren (Gangschaltung, Vergaser usw. entfielen), dazu wesentlich leiser und völlig abgasfrei – das Problem ist von jeher nur, woher man den Strom dazu nehmen soll. Alle Versuche mit Batterien erwiesen sich bislang als wenig praxistauglich. Gegenwärtig setzt man vor allem auf Brennstoffzellen und auf Wasserstofftechnologie, die jedoch noch nicht wirklich einsatzreif ist.

Interessanterweise hört man übrigens nichts von vergleichbaren Überlegungen für *Flugzeuge*. Auch Kerosin ist ein Erdölprodukt und wird irgendwann nicht mehr zur Verfügung stehen, und Flugzeuge sind Fortbewegungsmittel mit *sehr* großem Energiebedarf – mit Brennstoffzellen ist da kein Blumentopf zu gewinnen.

Wie auch immer die Lösung schließlich aussehen wird, sie wird große Veränderungen in der Infrastruktur erfordern – Tankstellen müssen umgerüstet werden, Autos nach alter Technik müssen sukzessive durch neue ersetzt werden, es wird eine längere Übergangszeit geben, womöglich mit mehreren konkurrierenden Systemen und so weiter. Inwieweit die Umstellung gut vonstatten geht, wird in hohem Maße vom richtigen Zeitpunkt abhängen, zu dem man damit beginnt: Beginnt man zu früh, wird sich die neue Technologie nur schwer durchsetzen, beginnt man zu spät, wird es zu Engpässen kommen. In verschiedenen Ländern wird man unterschiedliche Fahrpläne fahren, und da Verkehr und Transport in einer Volkswirtschaft eine zentrale Rolle spielen, werden die Länder mit dem besten Timing vermutlich einen deutlichen wirtschaftlichen Vorteil daraus ziehen.

Übrigens ist durchaus auch vorstellbar, dass sich *keine* technische Lösung findet, die es hinsichtlich Leistungsdichte *und* Kosten mit den heutigen, auf Ölderivaten basierenden Antriebssystemen aufnehmen kann. Das hieße, dass Transporte künftig wesentlich teurer würden. Es würde zwar weiterhin elektrischen Strom geben, aber das Pendeln zur Arbeit würde kostspieliger, Urlaubsreisen sowieso, und das Ausmaß der Warentransporte nähme ab. Dafür würde Bahnfahren wieder attraktiver, da die Eisenbahn ihren Antriebsstrom aus Kraftwerken bekommt und nicht mit sich führen muss.

Energie aus Kernfusion

Seit langem gibt es die Idee, dieselbe Energiequelle, die auch die Sonne antreibt, auf Erden nutzbar zu machen: die Kernfusion. Sie beruht darauf, dass die *Verschmelzung* von Atomen mit einem Atomgewicht, das kleiner ist als das von Kohlenstoff, mehr Energie liefert, als sie kostet. Die Verschmelzung von je zwei Wasserstoffatomen zu einem Heliumatom, wie sie in der Sonne stattfindet, ist die energiereichste derartige Reaktion. Könnte man sie technisch nutzbar machen, so der Gedanke, stünde eine enorme, saubere und unerschöpfliche Energiequelle zur Verfügung – denn das Brennmaterial, Wasserstoff, kommt im Universum so häufig vor wie kein anderes Element, und das Endprodukt Helium ist ein völlig unschädliches Edelgas –, und alle Energiesorgen hätten ein Ende.

Nun setzen aber Atome allen Versuchen, miteinander verschmolzen zu werden, zuerst einmal heftigen Widerstand entgegen, und es braucht schon Bedingungen, wie sie im Inneren eines Sterns herrschen, um sie dennoch dazu zu zwingen. Die Kernfusion von Menschenhand ist bislang nur für Sekundenbruchteile bei der Zündung von Wasserstoffbomben geglückt, und in diesem Zusammenhang kann man wohl kaum von *Nutzen* sprechen.

Hinzu kommt, dass Fusionsreaktionen in der Praxis nicht nur nach Lehrbuch ablaufen würden. Durch unvollständige Atomverschmelzungen würde neben Helium auch Tritium (überschwerer Wasserstoff H_3) entstehen, das radioaktiv und, da gasförmig, schwer zu bändigen ist. Man hätte also auch bei einem Fusionskraftwerk eine Entsorgungsproblematik, wenn diese auch nicht so gravierend wäre wie bei den bisherigen Atomkraftwerken.

Wird in Zukunft Strom aus Fusionsreaktoren kommen? Es gibt große, internationale Forschungsprojekte in dieser Richtung, doch sie laufen seit Jahrzehnten, man hört wenig von Fortschritten, und die Prognosen werden mit der Zeit immer zurückhaltender.

In den achtziger Jahren machte eine ganz andere, nämlich eine angeblich geglückte «kalte» Kernfusion einige Wochen lang Schlagzeilen. Kalt, das hieß eine Fusion bei Zimmertemperatur. Eine Fusion im Becherglas, die durch ganz andere physikalische Prinzipien hervorgerufen worden sein sollte als die Fusion im Inneren eines Sterns.

Das Experiment konnte von anderen Wissenschaftlern nicht nachvollzogen werden und wird heute als Irrtum oder gar als Betrugsversuch betrachtet. Einige Tage lang jedoch – ich erinnere mich gut an diese Zeit; ich war damals studentische Hilfskraft am Fraunhofer-Institut, also in einer von der Auseinandersetzung mit

Technik und Wissenschaft geprägten Atmosphäre – beherrschte dieses Thema alle Diskussionen, löste helle Begeisterung aus, ja geradezu Aufbruchsstimmung. Einen Moment lang war es, als tue sich eine Tür auf in eine ganz andere Zukunft, in eine Zukunft voller Möglichkeiten: Fusionskraftwerke so groß wie Thermoskannen, die Autos, Flugzeuge, selbst Schiffe antrieben, Häuser mit Strom und Wärme versorgten und alle Überlandleitungen überflüssig machen würden. Keine Autoabgase mehr, keine Tankstellen … Man würde es sich sogar leisten können, Straßen im Winter zu beheizen, um Glatteis zu verhindern! Auch wenn diese Vorstellungen schnell wieder verpufften und nicht immer ganz durchdacht waren, war doch daran spürbar, welch fundamentale Rolle Energie in unserer Zivilisation spielt.

Übrigens wird heute immer noch an der «kalten Fusion» geforscht, und wer weiß? In solchen Dingen soll man nie «nie» sagen.

Globale Energiebilanz

Einmal angenommen, wir könnten problemlos so viel Energie erzeugen, wie wir wollten – wie viel *dürften* wir denn erzeugen, ohne das Ökosystem der Erde dadurch zu schädigen? Denn da alle Energie letztendlich immer als Wärme endet, heizen wir mit all unseren Aktivitäten nebenbei den Planeten auf. Die Frage ist: Wie stark fällt das ins Gewicht?

Dieser Frage ist der Physiker Hans-Peter Dürr nachgegangen, und er nennt eine Zahl: 9 Terawatt, also 9000 Gigawatt. Das sei die oberste Grenze dessen, was wir Menschen dem Energiehaushalt der Erde schadlos hinzufügen dürften. Bei derzeit 6 Milliarden Menschen entfiele damit auf jeden Menschen das Anrecht auf Nutzung von 1,5 Kilowatt oder rund 13 000 Kilowattstunden pro Jahr.

Tatsächlich lag der weltweite Verbrauch an Primärenergie 1990 bereits bei 13 Terawatt, und davon entfielen auf einen Mitteleuropäer pro Kopf 6 Kilowatt, auf einen US-Bürger 11 Kilowatt, während ein Chinese nur 800 Watt verbrauchte und ein Bewohner eines armen Landes kaum 80 Watt. Höchst ungerecht also, was nicht verwundern dürfte.

Wird diese Berechnung für die künftigen Entwicklungen eine Rolle spielen? Wird es ein globales Übereinkommen geben, das die «erlaubte» Energiemenge gerecht verteilen wird? Nach allem, was wir über unsere Spezies aus der Geschichte kennen, ist nicht ernsthaft damit zu rechnen.

Stimmt sie überhaupt? Ich habe meine grundsätzlichen Zweifel an derartigen Berechnungen; mich erinnern sie immer an den Beweis, den ein englischer Physiker einmal aufstellte, wonach es prinzipiell unmöglich sein sollte, dass ein Körper, der schwerer ist als Luft, fliegen könne. Nicht erst die Brüder Wright widerlegten ihn: Er hätte nur aus dem Fenster schauen und den Vögeln zusehen müssen, die ebenfalls schwerer sind als Luft – und trotzdem fliegen.

Denn: Was sind 13 Terawatt Energie, verglichen mit den fast 180 000 Terawatt, die von der Sonne auf die Erde einstrahlen?

Und: Wäre es nicht eine gute Idee, diese viele Sonnenenergie wenigstens zum Teil zu nutzen? Immerhin ist diese Energie sowieso da, sodass wir uns, egal, wie viel davon wir in technische Nutzanwendungen umleiten, keine Gedanken über irgendwelche Grenzwerte machen müssen.

Ich vermute, letzten Endes wird es genau darauf hinauslaufen.

Das solare Zeitalter

Die einzige Energiequelle, die nach menschlichen Maßstäben wirklich unbegrenzt ist, ist die Sonnenenergie. Die Energiemenge, die unsere Sonne fortwährend ins All ausstrahlt, übersteigt jede Vorstellungskraft, und selbst der winzige Teil davon, den die Erde abbekommt, ist noch zehntausendmal mehr als alles, was wir selber so abfunzeln in unseren Kraftwerken und Triebwerken.

Wie kann man sie nutzbar machen? Zwei grundsätzliche Wege werden heutzutage verfolgt. Zum einen wird die Einstrahlung von Sonnenlicht dazu benutzt, Wärme zu erzeugen, die dann je nach Zusammenhang für Heizungszwecke oder in aus konventionellen Kraftwerken bekannter Weise zur Stromerzeugung genutzt wird. Der andere Weg ist, Sonnenlicht auf direktem Wege in Strom zu verwandeln. Dies nennt man *Fotovoltaik*: Trifft Licht auf geeignete Halbleiter, wird durch den photoelektrischen Effekt Strom erzeugt.

Den Anfang machten in den achtziger Jahren die bekannten dunklen Sonnenkollektoren auf Hausdächern, die vor allem zur Warmwassererzeugung benutzt werden. Gute Anlagen stellen etwa die Hälfte des übers Jahr in einem Haushalt benötigten Warmwassers zur Verfügung. (Für die andere Hälfte benötigt man dann natürlich eine alternative Wärmequelle.) Ein Quadratmeter Kollektor spart etwa 50 Liter Heizöl pro Jahr.

Regelrechte Sonnenkraftwerke wurden beispielsweise in Spanien erprobt: Ein großes Feld elektrisch gesteuerter Spiegel konzentrierte das auftreffende Sonnenlicht auf eine kleine Stelle, wo sich dadurch genügend Hitze entwickelte, um eine Dampfturbine anzutreiben.

Fotovoltaisch gewonnener Strom ist momentan noch der mit Abstand teuerste, da die Herstellung der «Solarzellen» genannten Halbleiterelemente aufwendig ist und auch von der gesamten Ökobilanz her nicht unproblematisch. Doch auf diesem Gebiet wird intensiv geforscht. Weil sich der Markt bisher erst langsam entwickelt hat, sind auch die Möglichkeiten industrieller Produktion noch bei weitem nicht ausgeschöpft. Man kann also außer mit technischen Verbesserungen – höherer Wirkungsgrad, längere Lebensdauer – auch mit erheblichen Preissenkungen rechnen, ähnlich wie dies einst bei Computerchips der Fall war.

Wären die Häuser in Deutschland mehrheitlich mit Solarzellenmodulen gedeckt anstatt mit Ziegeln, könnte bereits ein erheblicher Teil des gesamten Strombedarfs aus Sonnenenergie gedeckt werden. Dabei ist Deutschland nicht gerade ein sonnenreiches Land: Wirklich interessant wird die Solarenergie, wenn man über die Grenzen hinausdenkt.

Die Intensität der Sonneneinstrahlung nimmt mit jedem Breitengrad, um den man sich dem Äquator nähert, zu – und die Zahl der Tage mit wolkenlosem Himmel pro Jahr auch. In südlicher gelegenen Ländern ließe sich Sonnenenergie in einem in Europa nicht denkbaren Maß gewinnen, erstens weil die Sonne viel heißer herabbrennt, und zweitens, weil es viel ungenutzte und anderweitig auch nicht nutzbare Landfläche gibt – Wüsten und anderes Brachland. Viele der heutigen Erdöl produzierenden Staaten sind – wenn sie die Chance nicht verschlafen – dazu prädestiniert, auch die Energielieferanten von morgen zu sein: Sie haben nicht nur die Sonne, sie haben auch das Geld, um in ihre Nutzung zu investieren.

Man müsste die z.B. in Nordafrika erzeugte Energie natürlich zum Verbraucher transportieren. Die herkömmliche Methode wären Überlandleitungen, etwas unkonventioneller wären Stromkabel, die durchs Mittelmeer verlaufen. Da lange Leitungen Stromverluste mit sich bringen, würde man nach Alternativen suchen. Schön wäre ein Durchbruch in der Supraleitung bei normalen Temperaturen; das wäre allerdings eine Neuerung, die sehr weit gehende Auswirkungen auf die gesamte Technik hätte. Daneben ist der Vorschlag gemacht worden, den erzeugten Strom, anstatt ihn verlustreich über Tausende Kilometer Kabel zu leiten, dazu zu nutzen, Wasser zu elektrolysieren und den gewonnenen Wasserstoff zu verflüssigen und durch Pipelines zu pumpen, um ihn am anderen Ende in Kraftwerken zu verbrennen. Da Wasserstoff rückstandsfrei zu Wasserdampf verbrennt, wäre dies umweltfreundlich – allerdings auch riskant, da Wasserstoff hochexplosiv ist: Der Raketenmotor der *Space Shuttles* verbrennt auch Wasserstoff und

Sauerstoff, aber nicht aus Umweltschutzgründen, sondern weil dies der energiereichste chemische Antrieb ist, den wir kennen.

Wie auch immer die damit verbundenen technischen Herausforderungen bewältigt werden, letzten Endes, denke ich, wird es in diese Richtung gehen. Die Nutzung fossiler Energieträger hat auf lange Sicht keine Zukunft, denn zu Ende gehen sie alle früher oder später, und aus den meisten könnte man interessantere Dinge machen als bloß Wärme und Strom. Die Erfahrungen mit dem Versiegen eines der wichtigsten Energieträger, des Erdöls, und die Notwendigkeit, damit zurechtzukommen, wird uns vermutlich für die zeitliche Begrenztheit anderer Energiequellen sensibilisieren. Muss man den Ärger, den man mit dem zu Ende gehenden Öl hatte, noch einmal mit zu Ende gehender Kohle mitmachen? Möglicherweise wird man sich das ersparen wollen und gleich nach dauerhafteren Lösungen suchen. Es könnte sein, dass in hundert Jahren fossile Brennstoffe schlicht uninteressant geworden sein werden. Dass die entsprechenden Vorräte niemals ganz zu Ende gehen werden, sondern dass man irgendwann aufhört, sie weiter zu nutzen.

Über einen langen Zeitraum betrachtet wäre dann das Zeitalter, in dem fossile Energie genutzt wurde, nur eine kurze Episode, von der künftige Generationen vielleicht ähnlich denken werden wie wir heutzutage von der Prunksucht der alten Römer.

Nun, da wir über das Fundament unserer technischen Zivilisation, die Energieversorgung, nachgedacht haben, ist es an der Zeit, uns zu fragen, wie wichtig denn Technik überhaupt ist.

Ist sie wirklich die Quelle unserer Zukunft? Sicher spielen technische Veränderungen oft eine gewichtige Rolle, wirken manchmal wegweisend für bestimmte Entwicklungen. Aber sie sind nicht die einzigen und nicht einmal die stärksten Kräfte, die unsere Zukunft formen. Wir mögen es ungern wahrhaben, aber tatsächlich gibt es Kräfte, denen wir regelrecht ausgeliefert sind. Eine solche Kraft wollen wir uns im nächsten Kapitel näher anschauen.

Klimawandel: Brennender Himmel oder ewiges Eis?

Es gibt Anzeichen, dass ein Wandel der klimatischen Verhältnisse auf Erden bevorstehen könnte. Allerdings sind diese Zeichen nicht so eindeutig, wie uns das Zeitungsartikel gern weismachen wollen, und es hat, was die Richtung des Klimawandels anbelangt, in den letzten Jahrzehnten auch schon eine Reihe bemerkenswerter Wendungen gegeben.

Bereits im Jahr 1938 warnten Wissenschaftler vor einem unmittelbar bevorstehenden Schmelzen der Pole und dem Anstieg der Meeresspiegel. Die Temperaturen, hieß es, erreichten weltweit beängstigende, nie dagewesene Höhen, und schon damals war man der Ansicht, dass dies zweifellos auf die von Menschenhand freigesetzten Treibhausgase zurückzuführen sei. (Dabei hielt sich deren Freisetzung zu der Zeit in Grenzen, von denen heute niemand mehr zu träumen wagt.)

In der Folge wurde es stattdessen erst einmal drastisch kälter. Von 1940 bis hinein in die späten siebziger Jahre sanken die Durchschnittstemperaturen fast überall auf der Welt; die ungewöhnlich kalten, früh einsetzenden Winter prägten unter anderem auch den Verlauf des Zweiten Weltkriegs. Der Winter 1977 in den USA war schließlich der kälteste des Jahrhunderts.

Umgehend begannen Wissenschaftler, das Nahen einer von Menschen verursachten Eiszeit vorherzusagen, ausgelöst durch Abgase, die den Treibhausschutzschild der Erde zerstörten. In den darauf folgenden Jahren wurde es jedoch wieder wärmer, weswegen heute wiederum von drohender Erderwärmung und ihren Folgen die Rede ist.

Woran erinnert uns das? An die Geschichte von dem Mann, der ans Meer kam und noch nie von Ebbe und Flut gehört hatte, nicht wahr?

Andererseits: Manchmal gibt es auch wirkliche Überschwemmungen. Springfluten. Tsunamis.

Bei einer guten Geschichte kann man sich eben nie sicher sein, ob sie nicht eine überraschende Wendung nimmt.

Versuchen wir also wieder einmal, hinter die Kulissen zu schauen.

Der Treibhauseffekt: segensreich

Dass einem dank sensationsheischender Berichterstattung das Wort «Treibhauseffekt» Schauder über den Rücken jagt, ist absolut ungerechtfertigt: Es ist genau dieser Effekt, der Leben auf Erden überhaupt erst möglich macht.

Einfach gesagt, bewirkt er, dass die auf der Erde ankommende Sonnenenergie auch hier bleibt. Ähnlich wie in einem Treibhaus – daher der Name – die Wärme des Sonnenlichts durch das abdeckende Glas zwar eindringen, aber nur zum Teil wieder entweichen kann, sorgt eine die Erde umspannende Schutzhülle für relativ gleichmäßige und hohe Temperaturen. Ohne den Treibhauseffekt wäre es auf Erden, Atmosphäre hin oder her, nur unwesentlich gemütlicher als auf dem Mond.

Woraus besteht diese Schutzhülle? Zum weitaus größten Teil, nämlich zu etwa 62 Prozent, beruht ihre Wirkung auf *Wasserdampf*. Das berüchtigte Kohlendioxid (CO_2) kommt erst an zweiter Stelle (22 Prozent), gefolgt von Ozon, Stickoxid (N_2O), Methan und anderen Gasen.

Der Wasserdampf ist zugleich die am schwersten berechenbare

Komponente des Klimageschehens, und zwar, weil er bekanntlich *Wolken* bildet. Wolken wiederum strahlen eintreffendes Sonnenlicht in den Weltraum zurück, werfen Schatten und sorgen so eher für die Kühlung der Erde. Wie dieser Regelkreis genau funktioniert, weiß man noch nicht, auch nicht, ob und gegebenenfalls wie sich zusätzlich erzeugtes CO_2 darauf auswirkt.

Was hat es nun mit diesem Kohlendioxid auf sich? CO_2 ist ein farbloses, nicht brennbares, schwach sauer wirkendes Gas, das vor allem bei Verbrennungsprozessen entsteht – übrigens auch bei solchen, die in Organismen stattfinden: Jeder Mensch atmet pro Jahr etwa eine halbe Tonne CO_2 aus.

Daran lässt sich natürlich nichts ändern, aber es ist auch nur ein Bruchteil der CO_2-Menge, die wir aufgrund unserer technischen Lebensweise zur Atmosphäre beisteuern: Das sind ungefähr 12 Tonnen pro Jahr und Bundesbürger. Insgesamt werden durch menschliche Aktivitäten jährlich an die 26 Milliarden Tonnen CO_2 erzeugt.

Dies muss man in Relation zu der Menge CO_2 sehen, die die Natur selbst produziert: etwa 770 Milliarden Tonnen pro Jahr. Der menschliche Anteil beträgt also etwa drei Prozent, was zunächst einmal fast vernachlässigbar aussieht.

Doch so einfach können wir es uns nicht machen. Genau wie Wasser und Sauerstoff ist nämlich auch Kohlendioxid Bestandteil eines Kreislaufs. Für Pflanzen ist Kohlendioxid das, was für uns Sauerstoff ist, und wie wir CO_2 ausatmen, so scheiden diese Sauerstoff aus. Mit anderen Worten, das, was die Natur an Kohlendioxid abgibt, nimmt sie auch wieder auf. Doch das CO_2, das wir Menschen erzeugen, stammt aus dem Verbrennen von Kohlenstoffmengen, die sich in Form von Öl, Kohle und Gas im Verlauf von Jahrmillionen angesammelt haben, kommt also zu diesem Kreislauf *dazu*.

Tatsächlich ist, seit man 1870 angefangen hat, derlei zu messen, der Anteil des Kohlendioxids in der Atmosphäre von 270 ppm auf heute 365 ppm gestiegen. (*ppm* heißt *parts per million*, meint hier also die Anzahl der CO_2-Moleküle pro eine Million Luftmoleküle.) Man darf davon ausgehen, dass dieser Anstieg zumindest zu einem ordentlichen Teil von Menschen gemacht ist. Dass das Auswirkungen auf den Treibhauseffekt und damit auf das Klima hat, steht außer Frage; umstritten ist derzeit allerdings noch, *wie stark* diese Auswirkungen sind. Minimal? Verheerend? Irgendwas dazwischen? Manche Chemiker sind der Auffassung, dass CO_2 seine Treibhauswirkung bereits bei 280 ppm annähernd voll entfaltet und ein weiterer Anstieg keine merkliche zusätzliche Wirkung habe. Das IPCC, der Internationale Klimabeirat der Vereinten Nationen, errechnet mit Hilfe von Computersimulationen, dass eine Verdoppelung des CO_2-Anteils in der Atmosphäre eine Erhöhung der globalen Durchschnittstemperatur um 1,5 °C (was relativ gering wäre) bis 4,5 °C (was dramatisch viel wäre) zur Folge haben wird. Doch gleichzeitig stellen die beteiligten Wissenschaftler klar, dass die zugrunde liegenden Simulationsmodelle die entscheidenden Aspekte des globalen Klimas noch nicht befriedigend genug abbilden.

Dass hier noch andere, kompliziertere Zusammenhänge ins Spiel kommen, kann man auch an Folgendem sehen: Der größte Anteil von natürlich entstehendem CO_2 stammt aus den Ozeanen – fast die Hälfte nämlich, über 330 Milliarden Tonnen pro Jahr. Und hier wird es interessant: Erwärmen sich die Ozeane, strömen sie auch *mehr* CO_2 aus – man kann sich diesen Zusammenhang leicht verdeutlichen, wenn man das Blubbern in einer kalten und in einer warmen Sprudelflasche miteinander vergleicht. Die Frage, ob der Anstieg des CO_2-Anteils in der Erdatmosphäre zur Erwärmung beiträgt oder ob es gerade umgekehrt ist, lässt sich möglicherweise gar nicht so einfach beantworten.

Pflanzen jedenfalls, das steht fest, würden es *lieben*, wenn es mehr CO_2 in der Erdatmosphäre gäbe: In Gewächshäusern sorgt man gern für einen höheren Kohlendioxidanteil in der Luft, weil das Gemüse dann schneller wächst und größer wird. Zu Zeiten der Dinosaurier etwa war der Anteil des Kohlendioxids in der Atmosphäre etwa drei- bis fünfmal so hoch wie heute – logisch, denn in dieser erdgeschichtlichen Epoche entstanden ja die Vorräte an fossilen Brennstoffen, die wir heute verfeuern, und irgendwo musste der Kohlenstoff dafür schließlich herkommen.

Wer ist schuld am Klimawandel?

Es ist im Lichte all dessen fraglich, ob der Klimawandel alleiniges Menschenwerk ist. Da überschätzen wir uns möglicherweise doch ein bisschen, denn schließlich gab es Eiszeiten und Warmperioden auch in fernster Vergangenheit, vor Millionen von Jahren, ehe von Menschen überhaupt die Rede war, von Verbrennungsmotoren ganz zu schweigen. Große Teile Deutschlands waren mehrfach jahrtausendelang von meterdickem Eis bedeckt. Umgekehrt heißt Grönland so, weil es, als man es entdeckte – vor tausend Jahren etwa –, *grün* war, woraus man getrost auf höhere Temperaturen schließen darf. Großmaßstäbliche Veränderungen des Klimas sind also beileibe nichts Ungewöhnliches und ganz bestimmt nichts Neues oder gar von uns Menschen Erfundenes.

Was sonst aber kann sie auslösen?

Nun, zum Beispiel könnten ganz einfach Veränderungen der Sonneneinstrahlung selbst eine Rolle spielen. Die Sonne ist ein gewaltiger, kochender Atomverschmelzungsofen, in dem größtenteils noch unverstandene Abläufe für die Entstehung der Strahlungsenergie sorgen, von der wir letztlich leben. Man hat ausgerechnet, dass, würde die Sonne über einen längeren Zeitraum hinweg nur ganze zwei Prozent weniger Energie ausstrahlen, Gletscher groß wie Kontinente bis zum Äquator vordringen und die Ozeane zufrieren würden. Gemessen daran strahlt die Sonne bemerkenswert gleichmäßig, aber das Beispiel zeigt auch, wie gravierend sich schon kleinste Schwankungen ihrer Tätigkeit auf uns auswirken können. Und derartige Schwankungen gibt es ständig; die sich in mehr oder weniger regelmäßigen Zyklen wiederholenden Häufungen von Sonnenflecken sind nur ein Beispiel dafür.

Zudem ist auch die Bahn, auf der die Erde um die Sonne kreist, nicht absolut gleichförmig, sondern geringen Schwankungen unterworfen, durch die sich auch die Menge der eintreffenden Sonnenenergie ändert: Auch das hat natürlich Auswirkungen.

Untersuchungen von Paläontologen, die routinemäßig die unterschiedlichen Dicken der Jahresringe von versteinerten Bäumen auswerten (das tun sie vor allem deshalb, weil diese Profile eine genauere zeitliche Einordnung von Fundstücken erlauben), haben gezeigt, dass sich das Klima auf der Erde immer wieder sehr rasch sehr drastisch verändert hat und dass schon vor Jahrtausenden und Jahrmillionen mal wesentlich höhere, aber auch mal wesentlich tiefere Temperaturen geherrscht haben. Untersuchungen an uraltem Packeis bestätigen diese Befunde. Das globale Klima scheint auch so etwas wie Gezeiten und Wellen zu kennen: Historiker sprechen von «kleinen Eiszeiten» und «kleinen Warmzeiten», um die kleineren Ausschläge der Durchschnittstemperaturen zwischen den großen Eiszeiten zu beschreiben, und danach kommen wir gegenwärtig gerade aus einer «kleinen Eiszeit», die etwa von 1400 bis 1900 dauerte.

Was kommt also auf uns zu? Mit letzter Sicherheit kann man es noch nicht sagen. Obwohl Europa in den vergangenen Jahren eine Reihe von ungewöhnlich heißen Sommern, ungewöhnlich heftige Unwetter und Überschwemmungen erlebt hat und *El Niños* den Erdball plagten, liegt es im Bereich des Möglichen, dass das irgendwann einfach wieder aufhört und eine Periode «normalen» oder sogar eher frostigen Wetters folgt. Doch es kann auch sein, dass sich – ob wir daran mitschuldig sind oder nicht – in den kommenden Jahrzehnten andere Wetterverhältnisse dauerhaft etablieren. Die globale Durchschnittstemperatur ist in den letzten hundert

Jahren um etwa 0,5 °C gestiegen. Die Frage ist nun, was das heißt, denn ähnliche Warmperioden sind auch aus den Jahrhunderten davor bekannt. (Die Wetterstation Berlin-Dahlem zum Beispiel führt seit 1701 Buch, und deren Kurve der Jahresmitteltemperaturen pendelt um einen konstanten Mittelwert.) Die entsprechende wissenschaftliche Debatte gehört auf jeden Fall zu den Gebieten, die man aufmerksam verfolgen sollte.

Auch wenn es aus einer ganzen Reihe von Gründen sinnvoll ist, unseren Ausstoß an Kohlendioxid so gering wie möglich zu halten, können wir trotzdem den Anspruch, das Klima «steuern» zu wollen, vergessen. Unser Wirken mag einen gewissen Einfluss auf das Klima haben, die entscheidenden Faktoren aber liegen weit außerhalb unseres Einflusses. Sollte eine Eiszeit zu kommen beschließen, dann wird uns nichts anderes übrig bleiben, als uns den veränderten Bedingungen anzupassen, so gut es geht; und für Warmzeiten gilt das Gleiche.

Die Folgen einer globalen Erwärmung

Gehen wir einmal davon aus, dass sich die Befürchtungen hinsichtlich einer langfristigen globalen Erwärmung bewahrheiten, und überlegen wir uns, auf welche Veränderungen wir in dem Fall gefasst sein müssten.

Werden die Polkappen abschmelzen? *Na klar*, ist man spontan geneigt zu sagen, doch überlegen wir genauer: In der Antarktis herrschen manchmal bis zu −80 °C – da lassen ein paar Grad globale Erwärmung nicht gleich Tauwetter ausbrechen. Tatsächlich ist jedoch die eisbedeckte Fläche der Arktis in den letzten Jahren deutlich geschrumpft, während sie in der Antarktis zugenommen hat. Letzteres könnte sogar eine *Folge* der globalen Erwärmung sein: Wenn die Temperaturen in den Polargebieten steigen, fällt dort nämlich zunächst einmal einfach mehr Schnee.

Doch auf lange Sicht könnte eine Erwärmung der Ozeane selbst dazu führen, das Packeis sozusagen von den Rändern her «anzuknabbern». Wäre ein Ansteigen der Meeresspiegel die Folge? Auch hier muss man unterscheiden: Packeis wie das am Nordpol, das im Wasser schwimmt, erhöht den Meeresspiegel kein bisschen, wenn es schmilzt. (Genau wie ein randvoll eingeschenkter Drink mit Eiswürfeln darin nicht überläuft, wenn das Eis schmilzt.) Das Abschmelzen von Eismassen, die sich auf Festland befinden – wie die der Antarktis – würden den Meeresspiegel dagegen natürlich sehr wohl ansteigen lassen. Und, nicht zu vergessen: Wenn sich das Wasser der Weltmeere erwärmt, dehnt es sich natürlich auch aus, was ebenfalls zu einem Ansteigen des Meeresspiegels führen wird.

Doch um wie viel? Nachdem man noch vor zwanzig Jahren Anstiege von über fünf Metern prophezeite, bewegen sich die Kalkulationen derzeit bei etwa einem halben Meter im Verlauf der nächsten hundert Jahre. Das wird problematisch für Venedig, aber alle übrigen Küstenstädte sollten imstande sein, damit fertig zu werden.

Generell wird sich eine globale Erwärmung zuerst in extremen Klimaten und Lagen bemerkbar machen. In den letzten Jahren häufen sich beispielsweise die Fälle extremer Lawinenabgänge in den Alpen: Damit ist umso mehr zu rechnen, je stärker die Temperaturen im Mittel steigen. Die Gletscher in den Alpen sind im Verlauf der letzten Jahrtausende immer wieder weitgehend abgeschmolzen, um sich dann wieder neu zu bilden. Zu Zeiten des Römischen Reiches etwa wuchsen in 2300 Meter Höhe Bäume, und auch zu «Ötzis» Zeiten war die Gegend, in der man unter einem zurückweichenden Gletscher den mumifizierten Leichnam des Urzeitmenschen gefunden hat, offensichtlich eisfrei. Wenn es zu einer globalen Erwärmung kommen sollte, werden die Alpengletscher davon mit Sicherheit nicht unberührt bleiben. Sagen wir es so: Sich ein Haus in einem auch nur entfernt lawinengefährdeten Alpental zu kaufen ist keine gute Idee.

Höhere Temperaturen werden zu mehr Todesfällen an heißen Sommertagen führen, vorwiegend unter Älteren, Kranken und Armen. Auf der anderen Seite sterben heute auch viele Menschen an Kälte, zahlenmäßig sogar mehr als an Hitze: Die Zahl dieser Todesfälle würde abnehmen.

Eine Zunahme des globalen Temperaturniveaus würde das Einzugsgebiet tropischer Krankheiten, vor allem der Malaria, auch in Regionen ausdehnen, wo sie zurzeit nicht vorkommt. Allerdings gehen auch sehr pessimistische Prognosen davon aus, dass man dieser Gefahr durch geeignete Medikamente und vorbeugende Maßnahmen (Bekämpfung der Brutstätten von Moskitos) wirksam begegnen kann.

In den heute schon von Dürre geplagten Gebieten, etwa der Sahelzone in Afrika, würde die ohnehin schlechte Lage der Landwirtschaft noch schlechter werden. Noch folgenschwerer wäre es, wenn durch die globale Erwärmung die Monsunzyklen durcheinander kämen: Dies würde den Ländern, deren Landwirtschaft vom Monsun abhängt, mehr extreme Monsunjahre bescheren – im einen Jahr Überschwemmung, im anderen zu wenig Niederschläge und Dürre. Da zwei Drittel der Erdbevölkerung in diesen Ländern leben, könnten große Wanderungsbewegungen, politische Unruhen oder sogar Kriege die Folge sein.

Andere Länder dagegen würden von einer Erwärmung der globalen Durchschnittstemperatur profitieren – die nämlich, die zur Zeit eher zu kalt sind. Die Wälder in Kanada und Sibirien etwa könnten bis zu 300 Kilometer weiter nach Norden vorrücken, und in beiden Ländern könnten sich dadurch die landwirtschaftlich nutzbaren Anbauflächen vergrößern.

Ähnliches ist aus der Geschichte bekannt. In der schon erwähnten Warmperiode vor etwa 1000 Jahren (als Grönland «grün» war) wurde – heute undenkbar – in fast ganz England Wein angebaut.

Wie steht es mit Europa? Werden in Süddeutschland bald Südfrüchte wachsen? Orangenplantagen im Donautal? Zitronenhaine im Bayerischen Wald? Wird man in Schleswig-Holstein Riesling anbauen? Werden in Norwegen und auf Island Getreidefelder wogen?

Eher nicht. Paradoxerweise droht Europa nämlich durch eine globale Erwärmung eher die Gefahr einer Eiszeit.

Eiszeit in Europa?

Aufgrund seiner geographischen Lage müsste Europa eigentlich ein kalter, unwirtlicher Kontinent sein. Irland und Großbritannien liegen auf denselben Breitengraden wie die zwischen Alaska und Ostsibirien gelegene Beringsee. Deutschland ließe sich, über den Globus verschoben, mit kanadischen Provinzen zur Deckung bringen, in denen viel Wald und wenig Weizen wächst und ganz bestimmt kein Riesling. Berlin liegt nördlicher als die Stadt Komsomolsk in Sibirien, Florenz nördlicher als Wladiwostok, und Hamburg ist dem Nordpol so nahe wie die Feuerlandinseln dem Südpol. Norwegen und Finnland liegen auf denselben Breitengraden wie Südgrönland, das bekanntlich das ganze Jahr von Eis bedeckt ist.

Dass Europa es nicht ist, verdankt es einzig und allein der gewaltigsten Warmwasserheizung des Planeten – dem Golfstrom.

Der funktioniert folgendermaßen: Im Golf von Mexiko werden enorme Mengen an Meerwasser von der dort herrschenden intensiven Sonneneinstrahlung aufgeheizt, fließen nordöstlich über den Atlantik, treffen schließlich auf Europa und seine vorgelagerten Inseln und werden nach Norden abgelenkt – ein Strom, der so viel Wärmeenergie mit sich führt, wie eine Viertelmillion Atomkraftwerke erzeugen würden, und der sich wie ein Riegel zwischen den europäischen Kontinent und die aus der Arktis kommenden kalten Westwinde legt. Diese erwärmen sich über dem warmen Wasser, saugen sich mit Feuchtigkeit voll und haben sich, wenn sie den Kontinent erreichen, von bitterkalten Eisstürmen zu lebensspendenden, warmen Regenbringern gewandelt.

Gleichzeitig kühlt sich dadurch das Wasser des Golfstroms ab, und dabei passiert etwas Wichtiges: Durch den Verdunstungsvorgang nimmt die Salzkonzentration des Wassers zu, es wird, wie man sagt, *hypersalin* und damit schwerer als das umgebende, normale Atlantikwasser. Das hat zur Folge, dass der größte Teil des Wassers, das als Golfstrom in den Norden gekommen ist, auf den Meeresgrund hinuntersinkt und sich südwestlich von Grönland als mächtiger unterseeischer Wasserfall in die Tiefe des Atlantikbeckens ergießt. Dadurch entsteht ein Sog, der wiederum neues warmes Wasser aus dem Golf von Mexiko in Richtung Europa zieht – und immer so weiter. Das ist der Mechanismus, der den Golfstrom am Laufen hält.

Sollte nun infolge der globalen Erwärmung der Erde das Packeis der Arktis anfangen zu schmelzen, würde zwar nicht der Meeresspiegel steigen, doch das Schmelzwasser würde sich, da Polareis Süßwasser ist und damit leichter als Meerwasser, zunächst weiträumig auf diesem verteilen. Da Süßwasser bekanntlich auch schneller gefriert als Salzwasser, würden sich mit Winteranbruch dünne, riesige Packeisdecken bilden, die auf dem Nordatlantik das warme Wasser aus den Tropen von der eisigen Luft aus der Arktis isolieren würden. Die Luft vom Nordpol auf ihrem gewohnten Weg würde sich also weniger erwärmen und folglich weniger Feuchtigkeit aufnehmen, ehe sie Europa erreicht. Umgekehrt würde weniger von dem warmen Wasser verdunsten, wodurch dessen Salzgehalt konstant bliebe. Es würde also nicht absinken wie bisher, sondern einfach weiter nach Norden strömen, bis es sich schließlich mit den Weiten des Nordmeers vermischt hätte. Wenn aber kein hypersalines Wasser mehr in die Tiefe absinkt, versiegt irgendwann der unterseeische Wasserfall, und damit erlischt auch der Sog, der den Golfstrom antreibt.

Messungen zufolge hat die Flussrate des Golfstroms in den letzten Jahrzehnten bereits um zwanzig Prozent abgenommen. Man schätzt, dass eine Erwärmung der Nordhalbkugel um etwa fünf Prozent ihn vollständig zum Versiegen bringen würde.

Dies ist keine rein theoretische Möglichkeit. In der Vergangenheit ist der Golfstrom schon mehrmals zum Stillstand gekommen, zuletzt vor etwa achttausend Jahren. Es ist nicht bekannt, aus welchen Gründen, nur, dass es etwa tausend Jahre dauerte, bis er wieder in Gang kam.

Tückischerweise würde sich das «Umkippen» des Golfstroms binnen weniger Jahre vollziehen. (Nicht allerdings innerhalb weniger Tage, wie der Film *«The Day After Tomorrow»* von Roland Emmerich suggeriert.) Nach einer Phase äußerst heißer Jahre – eine unlängst vorgestellte Hypothese spricht von etwa fünfzig, eine andere von weniger als dreißig – könnte innerhalb von weniger als drei Jahren die Eiszeit über Europa hereinbrechen.

Auf einmal würde dann in Europa dasselbe Klima herrschen wie in Südalaska oder Mittelsibirien. Eisige Winde würden über Nordeuropa fegen, verheerende Fluten gegen die Küsten toben, ein großer Teil der Wälder absterben und die Tiefebenen zu Tundren gefrieren. Es würde kalt und trocken werden, und ein großer Teil der Böden bliebe dauerhaft gefroren. Skandinavien würde zur Eiswüste.

Doch während Alaska und Sibirien weitgehend unbewohnt sind, leben in Europa eine halbe Milliarde Menschen. Menschen, die sich vielleicht gerade mühsam an brüllend heiße Sommer und schlammige Winter gewöhnt haben. Menschen, die zu essen brauchen und nach mehreren heißen Jahrzehnten eine Heizung im Haus vielleicht für nicht mehr ganz so wichtig halten.

Was wäre die Folge? Hungersnöte? Hunderttausende Tote? Flüchtlingsströme? Militärische Feldzüge, um Lebensraum in Nordafrika zu erobern? Oder würde man in einer gewaltigen solidarischen Anstrengung Mittel und Wege finden, die Ernährung der Europäer zu sichern und sich an die veränderten Umweltbedingungen anzupassen?

Letzteres klingt zwar etwas ungewohnt und wäre auf alle Fälle *kein* Stoff für einen hitverdächtigen Katastrophenfilm, kann aber im wirklichen Leben durchaus vorkommen – man denke an die Ereignisse rund um das große Hochwasser im Jahr 2002. Die entscheidende Frage ist immer, ob Panik ausbricht oder nicht. Und diesbezügliche Forschungen zeigen eindeutig, dass Panik in Wirklichkeit wesentlich seltener ausbricht, als es in Filmen gern gezeigt wird.

Wie sähe das konkret aus? Ist es überhaupt denkbar, einen Kontinent auf ein gänzlich verändertes Klima «umzurüsten»? Das hängt in hohem Maße davon ab, ob vernünftige Entscheidungen getroffen werden, ob man vielleicht rechtzeitig Vorbereitungen getroffen hat und ob das nötige Kapital zur Verfügung steht. Auch der Stand der Technik wird eine Rolle spielen. Vorrangig wird sein, die Häuser mit besserer Wärmedämmung und ausreichenden Heizungen zu versehen. Die Energiekosten werden steigen. Ebenfalls vorrangig, aber nicht so schnell umsetzbar wäre eine Umgestaltung der Landwirtschaft: neue Pflanzensorten, neue Bewirtschaftungsmethoden, mehr Treibhäuser. Heute heiße Inseln wie Sizilien, Kreta oder Zypern hätten auf einmal frühlingshaft gemäßigte Temperaturen und würden reiche Ruheständler aus skandinavischen Ländern anziehen. Auch Nordafrika würde attraktiv, zumal die veränderten Temperaturen vielleicht sogar erlauben würden, die heutigen Wüsten wieder urbar zu machen. Vorübergehend würde man Nahrungsmittel aus Staaten der südlichen Hemisphäre importieren, aber eine Dauerlösung wäre das nicht. Ansonsten würde der Lebensstandard allgemein sinken. Für wenigstens ein Jahrzehnt wäre der Kontinent in Not – eine Krise, aus der Europa entweder in heute nicht vorstellbarem Maß geeint hervorgehen oder an der es zerbrechen würde.

Für Europa ist der Golfstrom von zentraler Bedeutung, aber

er beeinflusst natürlich das Wetter auf der gesamten Nordhalbkugel der Erde. Sein Aussetzen könnte auch im Süden der USA zu Dürren führen und Überschwemmungen in China auslösen. Wenn es zu Hungersnöten und großen Wanderbewegungen von Flüchtlingsströmen kommen sollte, würde eine politisch hoch brisante Lage entstehen. Sollte zugleich Energie knapp werden, etwa weil ohnehin gerade das Öl zur Neige geht, könnten auch die momentan bestehenden friedenssichernden Bündnisse brechen und blutige Konflikte die Folge sein. Im schlimmsten Fall würden Kriege um Rohstoffe und Nahrung die Kontinente verwüsten und die Welt innerhalb weniger Jahre an den Rand der totalen Anarchie bringen.

Wahrscheinlichkeiten

Das im letzten Absatz geschilderte Szenario stammt nicht von radikalen Umweltschützern, sondern aus einem Strategiepapier des Pentagons. Das muss man wissen, um es richtig einschätzen zu können. Militärs sind es gewohnt, vom jeweils schlimmsten anzunehmenden Fall auszugehen; das ist geradezu die Quintessenz militärischen Denkens.

Ansonsten lässt sich in der Debatte um den Golfstrom und sein mögliches Versiegen ein Muster ausmachen, das uns in Umweltdebatten inzwischen schon oft begegnet ist: Wenn eine mögliche Gefahr frisch entdeckt wird, erscheint sie in der Diskussion erst einmal sozusagen in Überlebensgröße. Da steigt der Meeresspiegel, bis von New York nur noch die Spitze des Empire State Building herausragt. Da verrotten die Fische der Weltmeere bauchoben an den Küsten in derartigen Massen, dass man an Land nur noch mit Gasmaske aus dem Haus gehen kann. Da steht, kurz gesagt, der Weltuntergang bevor.

Dann kommen, mit kaum geringerer Wucht, die Gegenstimmen: Alles erstunken, erlogen, überhaupt nicht wahr.

So wogt das einige Zeit hin und her, und allmählich schält sich ein Mittelding heraus. Manchmal müssen die einen zugeben, dass etwas dran ist, und die anderen, dass es aber so dramatisch auch wieder nicht ist. Manchmal stellt sich auch heraus, dass alles falscher Alarm war.

Kurzum, das Ganze folgt einem ähnlichen Stufenschema, wie wir es bei der Diskussion um das Internet für technische Entwicklungen aufgestellt hatten. Die Idee, dass der Golfstrom zu unseren Lebzeiten versiegen könnte, ist erst wenige Jahre alt und damit noch in einem relativ frühen Stadium – sagen wir, zwischen Phase 3 und 4: Ein Geheimtipp wird gerade zum «Hype». Die Medien stürzen sich derzeit darauf, und für die nahe Zukunft ist auf alle Fälle erst mal mit vielen wilden Schlagzeilen zu rechnen. Was dann weiter tatsächlich passiert, bleibt abzuwarten.

Klar geworden sein sollte auf jeden Fall, dass, was unsere Zukunft anbelangt, auch ein paar Kräfte mitreden, die mächtiger sind als alles, was wir Menschlein so im Köcher hätten.

Doch wie wir gleich sehen werden, gibt es einen Faktor, der zwar im wahrsten Sinne des Wortes von uns Menschen gemacht wird, der sich aber dennoch unserer Kontrolle weitgehend entzieht.

Die Macht der Zahl: Bevölkerungsentwicklung

Zu Anfang waren wir Menschen eine gefährdete Spezies: Nicht besonders groß, nicht besonders stark, nicht besonders schnell, weder mit Klauen, Reißzähnen, Giftstacheln oder Rückenpanzer ausgestattet, gab es zahllose Feinde, die unsere Urahnen zu fürchten hatten. Das Einzige, was sie einer gefährlichen Welt entgegenzusetzen hatten, war eine Fähigkeit, die sie der Kombination eines wachsenden Großhirns und geschickter Hände, die einen den Fingern gegenübergestellten Daumen aufwiesen, zu verdanken hatten: die Fähigkeit, mit Werkzeug umzugehen. Das konnten sie sehr bald besser als jedes andere Lebewesen auf diesem Planeten. Und das sollte sich als *der* entscheidende Vorteil erweisen.

Unsere heutige technische Zivilisation ist im Grunde nichts anderes als ein gewaltiges Konglomerat aufeinander abgestimmter Werkzeuge. Mit ihrer Hilfe halten wir uns nicht nur die einstigen Fressfeinde vom Leibe, wir erzeugen unsere Nahrung damit, unsere Unterkünfte, praktisch die gesamte Umgebung, in der wir leben. Einen wesentlichen Teil dieses Lebens verbringen wir wiederum damit, Werkzeuge anzuwenden, sie funktionsfähig zu erhalten oder neue Werkzeuge zu erfinden: Das nennen wir *Arbeit*.

Doch genetisch sind wir immer noch dieselben Menschen, die einst vor wilden Tieren flüchten mussten. Auch unsere Fortpflanzung gleicht nach wie vor denen aller Beutetiere: Deren Strategie ist, möglichst viel Nachwuchs in die Welt zu setzen, damit wenigstens ein paar durchkommen.

Doch inzwischen haben wir Bedingungen geschaffen, unter denen menschliches Überleben nicht mehr der Ausnahmefall, sondern der Normalfall ist. So kam es, dass sich die Menschheit über den Erdball ausgebreitet hat und ihn bis in die entlegensten Gebiete bevölkert.

Wir Menschen waren als Spezies also ziemlich erfolgreich. Doch allmählich droht dieser Erfolg zur *Gefahr* zu werden. Platzt die Erde irgendwann aus allen Nähten? Womöglich *bald*?

Hunger und Elend: vorprogrammiert?

Bereits im Jahre 1798 warnte ein englischer Wirtschaftswissenschaftler namens Thomas Robert Malthus vor den Folgen ungezügelten Bevölkerungswachstums. Seine These war ebenso einfach wie einleuchtend und fand auch sofort weithin Beachtung: Nahrung lässt sich nur linear vermehren – wenn man zwei Felder statt einem bebaut, kann man doppelt so viel ernten, bebaut man drei, dreimal so viel und so weiter. Eine Bevölkerung dagegen wächst geometrisch: Gebiert eine Frau drei Töchter, die wiederum je drei Töchter zur Welt bringen, sind das in der dritten Generation bereits neun Frauen, die ihrerseits 27 Töchter haben können, und so weiter. Auf lange Sicht, so Malthus, werde deshalb das Wachstum der Bevölkerung immer eine mögliche Zunahme der Nahrungsversorgung überrunden; Hunger und Elend seien dadurch vorprogrammiert.

Zu Malthus' Lebzeiten lebten eine Milliarde Menschen auf der Erde, und tatsächlich hungerten viele. Zum Ende des Zweiten Weltkriegs lag die Weltbevölkerung bei zwei Milliarden, und es wurde in sehr vielen Ländern gehungert, auch in Europa. Zur Jahrtausendwende lebten auf Erden sechs Milliarden Menschen – doch erstaunlicherweise hungern weniger Menschen als je zuvor. In Europa und Amerika ist eine Generation herangewachsen, die keinen Hunger mehr kennen gelernt hat. Das von Zukunftsforschern einstmals als unrettbar abgeschriebene Asien bekommt seine Bewohner seit den siebziger Jahren satt. Die Zahl der unterernährten Menschen sinkt seit Jahren kontinuierlich.

Damit soll nicht das grundsätzliche Problem klein geredet werden: Es gibt immer noch Hungersnöte, doch nicht aufgrund von Nahrungsmangel, sondern aufgrund von Kriegen, Bürgerkriegen oder staatlicher Unterdrückung. In den Entwicklungsländern bekommen immer noch weit mehr als eine halbe Milliarde Menschen nicht genug zu essen, und Tausende von Kindern sterben alljährlich an Unterernährung – aber nicht weil zu wenig Nahrung da wäre, sondern weil in vielen Ländern skandalös ungerechte Besitzverhältnisse herrschen. Großgrundbesitzer und schmarotzerhafte Herrschaftscliquen haben das gesamte Land mit kaum fassbarer Rücksichtslosigkeit unter sich aufgeteilt und lassen den Armen keine Möglichkeit, sich aus ihrer Lage zu befreien, etwa dadurch, sich von einem kleinen Stück Land selbst zu versorgen. Rein zahlenmäßig produzieren heute selbst die Entwicklungsländer im Großen und Ganzen genügend Nahrung für alle Bürger. Tatsächlich hat die Menge an verfügbarer Nahrung pro Person heute in den Entwicklungsländern ungefähr den Stand erreicht, den die Industrieländer vor dem Zweiten Weltkrieg hatten.

Malthus' einfache Rechnung war offenbar *zu* einfach. Immer wieder ist es den Menschen gelungen, neue (landwirtschaftliche) Werkzeuge in Form von verbessertem Saatgut, wirksamerer Düngung und dergleichen zu entwickeln oder die alten zu verbessern und so dem scheinbar unausweichlichen Trend ein Schnippchen zu schlagen.

Kann das immer so weitergehen? Schließlich ist die Erde endlich. Ein ungebremstes Bevölkerungswachstum *muss* irgendwann an Grenzen stoßen, an denen kein Werkzeug der Welt mehr weiterhilft.

Verpufft die Bevölkerungsexplosion?

Doch von ungebremstem Bevölkerungswachstum kann längst keine Rede mehr sein. Die Geburtenraten haben in fast allen Ländern abgenommen, teilweise dramatisch schnell. Der Bremsvorgang ist in vollem Gang.

Allerdings: Genauso wie ein bremsender Zug noch weiterfährt, wird auch die Zahl der auf Erden lebenden Menschen noch eine Weile zunehmen. Erst irgendwann im Verlauf des 21. Jahrhunderts, darüber sind sich Bevölkerungswissenschaftler einig, wird das Bevölkerungswachstum zum Stillstand kommen. Vermutlich wird die Zahl der Menschen danach sogar wieder abnehmen.

Wann wird das sein? Vielleicht so um das Jahr 2050. Dann werden je nach Prognose 8, 12 oder 15 Milliarden Menschen den Erdball bevölkern – ein ziemlich großzügiger «Korridor», wenn man bedenkt, dass die Abweichung, um die man sich uneinig ist, größer ist als die Zahl aller heute lebenden Menschen.

Problematisch bleibt Indien, das demnächst China an Kopfstärke überrunden und sein Bevölkerungswachstum wahrscheinlich als eines der letzten Länder der Erde zum Stillstand bringen wird, und Afrika, wo die Geburtenrate in vielen Ländern nach wie vor bei 6 Kindern pro Frau liegt. Immerhin: In Ländern wie Algerien, Bangladesch, Mexiko oder Thailand sind die Geburtenraten innerhalb von 20 Jahren um mehr als drei Kinder je Frau gesunken – in den USA hat es eine entsprechende Verringerung zwar früher gegeben, aber sie hat fast dreimal so lange gedauert. Es ist eine Vollbremsung, die hier stattfindet.

Trotzdem läuft es mehr oder weniger auf eine *Verdoppelung* der Erdbevölkerung hinaus. Das sind sehr viele Leute, eine schier unvorstellbare Menschenmenge. Wird das, was gegenwärtig zu funktionieren scheint, nicht doch eines Tages davon totgewalzt, mit furchtbaren Folgen?

Wie viele Menschen sind eigentlich zu viele?

Wie muss man sich die Welt der Zukunft vorstellen? Werden wir uns gegenseitig auf die Füße treten? Wird in den Städten ein Gedränge herrschen, wie wir es heute nur aus überfüllten U-Bahnen kennen?

Rechnen wir spaßeshalber einmal. Angenommen, auf dem Scheitelpunkt der Entwicklung bevölkern 15 Milliarden Menschen die Erde. Die Erde, das sind – ohne die Antarktis gerechnet – etwa 135 Millionen km² Landfläche. Die durchschnittliche Bevölkerungsdichte betrüge dann rund 111 Menschen je km².

Man schlage in einem statistischen Jahrbuch nach und vergleiche: Das ist ungefähr die *Hälfte* der heutigen Bevölkerungsdichte Deutschlands.

Natürlich ist das eine äußerst grobe Rechnung. Sie unterschlägt, dass ein großer Teil der Landmasse aus Wüsten, unwegsamen Bergen und dergleichen besteht und nur zu einem kleinen Teil aus landwirtschaftlich nutzbarer Fläche. Aber es zeigt, dass nicht der schiere *Platz* das Problem darstellt. (Noch ein Argument übrigens, das dafür spricht, dass man keine Weltraumstädte bauen wird, um das Bevölkerungswachstum aufzufangen: weil es unter Garantie weniger aufwendig sein wird, Wüsten urbar und Berge bewohnbar zu machen.)

Ist Monaco übervölkert? Kaum ein Fleck Erde ist dichter besiedelt als der kleine Zwergstaat an der Mittelmeerküste. Doch es sind die Reichen und Schönen, die dorthin drängen, also kann es so unangenehm nicht sein, dort zu leben. Man kann offenbar mit wenig Platz auskommen.

Tatsächlich ist es nicht einfach *Platz*, was man braucht, sondern eine *Lebensgrundlage*. Deren wichtigster Baustein ist die Nahrungsversorgung, die wiederum landwirtschaftlich nutzbare Fläche erfordert. Auf sich allein gestellt wäre Monaco nämlich zweifellos nicht in der Form lebensfähig, wie wir es kennen.

Die Rolle der Frauen

Die entscheidende Rolle fällt – wie sollte es anders sein – den Frauen zu. Sie sind es nicht nur, die die Kinder zur Welt bringen müssen, sie haben auch mehrheitlich ein gutes Gespür dafür, wann sie *genug* Kinder zur Welt gebracht haben. Dürften Frauen diesem Gespür folgen, hätte es vielleicht nie so etwas wie ein Übervölkerungsproblem gegeben. Es ist auch keineswegs so, dass erst die Pille erfunden werden musste, damit unerwünschten Schwangerschaften vorgebeugt werden konnte: Schon vor Jahrtausenden kannten Frauen Mittel und Wege, wie derlei zu bewerkstelligen war.

Doch die Frauen wurden durch die gesamte Menschheitsgeschichte hindurch von den Männern unterdrückt – erst seit kurzem beginnt sich in einigen Teilen der Welt etwas daran zu ändern. Die Männer wiederum waren meist darauf aus, viele Kinder zu zeugen, weil ihnen das die Anerkennung der anderen Männer einbrachte und also dem eigenen sozialen Status zuträglich war: eine Einstellung, die *Machismo* genannt wird und sich auch heute noch vielerorts antreffen lässt.

Wir werden also unser Augenmerk vor allem auf die rechtliche Situation der Frauen richten, wenn wir ein Gefühl für die künftige Bevölkerungsentwicklung in einer bestimmten Gegend der Welt bekommen wollen. Natürlich spielen auch noch andere Faktoren eine Rolle – kulturelle und religiöse Werte, die wirtschaftliche Situation – doch generell kann man davon ausgehen, dass dort, wo Frauen sich in Richtung Gleichberechtigung bewegen, wo sie Zugang zu Bildung und zu Verhütungsmitteln haben, sich die Kinderzahl auf ein erträgliches Maß einpendelt.

Eine Sonderstellung nimmt heutzutage Saudi-Arabien ein, ein Land, in dem Frauen geradezu mittelalterlich wenig Rechte haben, das aber sehr reich ist. Es unterstützt fundamentalistische Gruppen, die Familienplanung in islamischen Ländern verhindern oder wieder abschaffen wollen. Eine ähnliche Richtung verfolgt der Vatikan in Bezug auf christliche Länder; mit dem Unterschied, dass die meisten Katholiken die entsprechenden Weisungen schlicht ignorieren. Inwieweit das normale Muslime ähnlich handhaben und wie stark die Stellung der Frauen in islamischen Ländern *tatsächlich* ist, ist für Außenstehende mitunter schwer festzustellen.

Übrigens steht es uns in Europa nicht zu, auf die «Dritte Welt» herabzuschauen. Zwischen 1800 und 1930 waren es die *Europäer*, die sich doppelt so schnell vermehrten wie alle übrigen Völker der Erde. Und wie stand es um die Rechte der Frauen? Noch in den fünfziger Jahren musste in der Bundesrepublik Deutschland eine Frau die Erlaubnis des Ehemanns haben, um eine bezahlte Arbeit annehmen oder den Führerschein machen zu dürfen. Diese aus heutiger Sicht absurden Verhältnisse wurden schließlich beseitigt – und kurz darauf begann der Rückgang der Geburtenraten.

Wachstumsschmerzen

Das weitere Wachstum der Erdbevölkerung wird nicht ohne allerhand Schwierigkeiten vonstatten gehen.

Eine zunehmende Bevölkerungsdichte kann beispielsweise in entsprechenden Gebieten zu vermehrten ethnischen Spannungen führen. Wenn zwei Volksgruppen einander ohnehin skeptisch oder gar feindselig gegenüberstehen, dann verstärken sich die Konflikte, sobald sie gezwungen sind, einander dichter auf den Leib zu rücken. Wächst die eine Gruppe stärker als die andere, weckt dies in Angehörigen der Letzteren häufig das Gefühl, überrollt, überrundet oder an die Wand gedrängt zu werden. Auf diese Weise können blutigste Konflikte entstehen; dennoch, sie sind nicht im Bevölkerungswachstum selbst begründet, es löst sie nur aus.

In anderen Gegenden kann das Wachsen der Bevölkerung über

eine gewisse Zahl, die gerade noch zurechtkommt, zu größeren Wanderungsbewegungen führen. Dann ziehen vielleicht junge Leute, die in der bäuerlichen Umgebung auf dem Land keine Zukunft sehen, massenhaft in die großen Städte, wo viele von ihnen dann aber keine Arbeit finden, sondern auf der Straße herumhängen, drogenabhängig oder kriminell werden oder beides.

Im großen Maßstab kündigen sich Probleme in den Statistiken an. Ein Beispiel: Australien hatte im Jahr 1990 um die 17 Millionen Einwohner und wird im Jahr 2025 gerade mal 23 Millionen haben. Im gleichen Zeitraum wird sich die Bevölkerung des unmittelbar benachbarten Indonesien von 118 Millionen auf voraussichtlich 263 Millionen erhöhen.

Klingt ungemütlich, oder?

Im gleichen Zeitraum wird die Bevölkerung Europas ungefähr gleich bleiben oder sogar schrumpfen, während die Zahl der Bewohner der benachbarten nordafrikanischen Länder um über 100 Millionen zunehmen wird.

Das klingt jetzt sogar *noch* ungemütlicher. Warum? Warum löst diese Vorstellung das Gefühl von Bedrohung in uns aus? Weil wir uns sagen: Da sind die wenigen, die wohlhabend sind – und da die vielen Habenichtse –, werden die nicht irgendwann einfach in hellen Scharen *kommen*? Wenn nötig, mit Gewalt?

Auszuschließen ist das nicht. Allerdings bedarf es dazu eines starken Anlasses. Völker ziehen nicht so leicht in den Krieg; im Grunde muss immer jemand da sein, der sie dazu *bringt*, zu den Waffen zu greifen. Unterschiede im Wohlstand allein lösen keinen Raubzug aus. Normalerweise arrangieren sich Menschen mit vielen Einschränkungen und Schwierigkeiten und werden versuchen, Probleme mit anderen ohne Gewalt zu lösen – nicht, weil wir eine so friedliche Spezies wären (das sind wir nun ganz bestimmt nicht), sondern aus dem simplen Grund, dass man bei gewalttätigen Auseinandersetzungen riskiert, zu unterliegen und dann noch mehr zu verlieren als das, worum es geht. Doch wenn man sich *in seiner Existenz bedroht* fühlt, werden aggressive Impulse wach, und der Selbsterhaltungstrieb übernimmt die Kontrolle. Und der kennt keine ethischen Maßstäbe. Auch Verhandlungen oder Kompromisslösungen sind ihm viel zu kompliziert – er folgt einzig dem Prinzip «besser deine Mutter weint als meine». Ist der Selbsterhaltungstrieb erst einmal in Aktion, handeln die Menschen blindlings. Entsprechend sind die Resultate.

Umgekehrt ist es ein Trugschluss, zu glauben, der Frieden, der seit Jahrzehnten in Europa herrscht, beruhe darauf, dass sich die Völker Europas so mögen (abgesehen von privaten grenzüberschreitenden Kontakten beäugen sie einander eher skeptisch) oder weil sie sich dank völkerverständigender Maßnahmen so gut verstehen (sie hegen übereinander mit Vorliebe Vorurteile): Der Friede beruht auf dem *Wohlstand*, der in Europa herrscht. Den Wohlstand wiederum verdanken wir zu einem großen Teil dem herrschenden Frieden. Eine Spirale also, die sich anderswo auf Erden auch in die andere Richtung dreht und einen Teufelskreis aus Krieg und Armut erzeugt, aus dem schwer herauszukommen ist.

Wenn aber ein Mensch keine Möglichkeit findet, seinen Lebensunterhalt durch normale Arbeit zu bestreiten, kommt sehr bald das Gefühl auf, existenziell bedroht zu sein. Dann fehlt nicht mehr viel, um ihn blindlings losstürmen zu lassen – es braucht nur noch einen, der ihm glaubhaft macht, dass darin seine Rettung liege.

Mit anderen Worten, es sind vor allem *wirtschaftliche* Unzulänglichkeiten, die mögliche Konflikte heraufbeschwören.

Das, was wir *Wirtschaft* nennen, ist im Grunde auch wieder ein ebenso komplexes wie abstraktes Werkzeug, um das Überleben von Menschen zu ermöglichen. Insbesondere das Prinzip der Arbeitsteilung – dass jeder sich auf eine Sache konzentriert, diese dann aber besser macht, als es andere könnten – eröffnet enorme Möglichkeiten für die effizientere Nutzung von begrenzten Ressourcen. Um dieses Werkzeug namens «Wirtschaft» funktionsfähig zu erhalten, bedarf es eines einigermaßen guten Bildungswesens.

In gewisser Weise ist alle Bildung das Training unserer spezifisch menschlichen Fähigkeit, mit Werkzeugen umzugehen – seien es konkrete (Handhabung einer Drehbank, eines Backofens, eines Skalpells) oder abstrakte Werkzeuge (naturwissenschaftliche Methoden, mathematische Prinzipien – alles, was man braucht, um *neue* Werkzeuge zu entwickeln).

Ausgerechnet hieran mangelt es aber noch in vielen Gegenden der Welt. Zudem kürzen Politiker, wenn Ebbe in der Kasse ist, gern die Gelder für Schule und Bildung, weil die negativen Folgen dieser Streichungen in der Regel nicht sofort, sondern erst lange nach dem Ende ihrer Regierungszeit offenbar werden.

Wie friedlich oder unfriedlich die noch vor uns liegende Wachstumsperiode vonstatten gehen wird, ist in hohem Maße eine Frage der wirtschaftlichen Verhältnisse. Oder anders ausgedrückt: Nicht der *Platzmangel* ist das Bedrohliche, sondern die *Armut*.

Land und Wasser

Doch man benötigt nicht nur Werkzeuge, sondern auch Material, das man damit bearbeiten kann. Jede Wirtschaft braucht Rohstoffe, und nach wie vor sind die Landwirtschaft und ihre Erträge – die Ernährung also – die Grundlage von allem. Wesentlich sind jedoch nicht nur die Entwicklungen in der Landwirtschaft, sondern außerdem alles, was mit der *Wasserversorgung* zu tun hat. Denn ohne Wasser bringt bekanntlich das beste Saatgut der Welt keine Erträge.

Generell ist schlechte Wasserversorgung eines der größten derzeitigen Probleme der Menschheit. Gegenwärtig haben über eine Milliarde Menschen keinen Zugang zu sauberem Trinkwasser und fast zweieinhalb Milliarden Menschen – mehr als ein Drittel der Erdbevölkerung also – nicht genug Wasser zum Waschen. Das ist an sich schon schlimm, zieht aber außerdem Folgen nach sich, die kaum weniger schlimm sind: So ist verschmutztes Trinkwasser Krankheitsursache Nummer eins in den Entwicklungsländern.

Da die Bevölkerung zunimmt – *vor allem* in den Entwicklungsländern –, die Niederschlagsmengen aber im Großen und Ganzen gleich bleiben werden, kann dieses Problem nur dringender werden, als es ohnehin schon ist.

Gerade mal 2,5 Prozent allen Wassers auf Erden ist Süßwasser, und davon befinden sich fast drei Viertel in Form von Eis an den Polen. Doch selbst der Rest würde für alle Menschen reichen, die kommende Bevölkerungszunahme eingerechnet – man müsste ihnen nur Zugang dazu verschaffen. In Afrika mangelt es fünfundzwanzig Staaten an Wasser – dabei hat Afrika genug Wasserressourcen: Gerade vier Prozent davon werden tatsächlich genutzt.

Wichtig ist eben nicht nur, wie viel Wasser mengenmäßig zur Verfügung steht, sondern auch, wie damit umgegangen wird. Auf Mallorca zum Beispiel versickert über die Hälfte allen Wassers in uralten, defekten Leitungssystemen. Landwirte erhalten das Wasser kostenlos und haben dadurch wenig Anlass, anders als verschwenderisch damit umzugehen: Da wird in der prallen Mittagssonne mit Sprühern gewässert, was das Zeug hält – wobei das meiste Wasser verdunstet, ehe die Pflanzen eine Chance haben, etwas davon aufzusaugen. (Ähnlich verhält es sich in vielen anderen Ländern, in Lateinamerika etwa, mit dem Unterschied, dass diese Länder im Gegensatz zu Spanien nicht so reich sind, dass sie imstande wären, alle eventuellen Mängel der Wasserversorgung anderweitig auszugleichen.)

Dagegen senkt die ursprünglich von israelischen Siedlern entwickelte Tröpfchenbewässerung (mit der diese einst, viel bestaunt, «die Wüste zum Blühen brachten»), die heute auch in Indien, Jordanien, Spanien und heißen, trockenen Gegenden der USA zum Einsatz kommt, den landwirtschaftlichen Wasserverbrauch um bis zu siebzig Prozent.

Kuwait, eines der wasserärmsten Länder der Welt, deckt seinen

Wasserbedarf übrigens, indem es einfach Meerwasser entsalzt. Das ist allerdings eine Luxusvariante, die sich Kuwait nur leisten kann, weil es zugleich eines der reichsten Länder der Welt ist, sowohl was Geld als auch was Energie anbelangt. Zwar ist Salzwasser, von dem es etwa zweihundertmal mehr gibt als Süßwasser, eine praktisch unerschöpfliche Ressource, doch Entsalzung ist immer noch ein aufwendiges, sprich teures Verfahren: Entsalztes Meerwasser kostet nur unwesentlich weniger als das, was wir für Trinkwasser in Flaschen im Laden zahlen.

Grundwasser – eine schwindende Ressource

Über Jahrtausende hinweg haben sich in den Tiefen der Erde Grundwasserreservoirs gebildet, die heutzutage zur Bewässerung und zur Gewinnung von Trinkwasser genutzt werden. Einer der größten fossilen Grundwasserspeicher ist der *Ogallala*, aus dem ein Fünftel aller bewässerten Felder in den USA versorgt werden. Zwar wird Grundwasser im Prinzip durch Regen und sonstige Wasserbewegungen immer wieder aufgefüllt, doch wenn man es schneller abpumpt, als es sich bildet, sinkt der Grundwasserspiegel natürlich, und in den USA ist dies der Fall: Ohne Änderung der Vorgehensweise könnten in einigen Jahrzehnten mehr als die Hälfte der bewässerten Felder wieder brachliegen.

Ein anderer großer Grundwasserspeicher liegt, man höre und staune, unter der Wüste Sahara. Libyen etwa nutzt dieses Wasser, das sich während der letzten großen Eiszeit angesammelt hat, für seine Landwirtschaft. Doch da es in der Sahara bekanntlich selten regnet, hat das Wasserreservoir in der Tiefe keine Chance, sich wieder aufzufüllen.

Die Herkunft des Wassers, das in der Landwirtschaft eines Landes genutzt wird, birgt Stoff für Verwicklungen aller Art. Wenn es nicht aus dem aktuellen Wasserkreislauf (Verdunstung über den

Meeren – Regen – Quellen – Flüsse) stammt, ist mit Umstellungsproblemen in naher Zukunft zu rechnen.

Kriege um Wasser?

Wird es künftig Kriege um Wasser geben? Es hat durchaus schon Auseinandersetzungen um die Nutzung von natürlichen Wasservorkommen gegeben, doch die meisten davon verliefen ohne Gewalttätigkeiten und endeten in zwischenstaatlichen Abkommen. Derartige Verträge erwiesen sich zudem als überaus belastbar: So war etwa das Komitee, das die Nutzung des Mekong-Flusses zwischen den beteiligten Staaten regelte, während der gesamten Dauer des Vietnamkriegs tätig, und obwohl Israel und Jordanien dreißig Jahre lang offiziell im Kriegszustand miteinander lagen, wurden insgeheim immer wieder Abmachungen über Wasserfragen getroffen.

Das liegt wieder einmal nicht an edler Gesinnung, sondern daran, dass Kriege um Wasser weder militärisch noch wirtschaftlich sinnvoll sind. Angenommen, wir haben zwei Länder entlang eines Flusses. Das Land, in dem die Quelle des Flusses liegt, hat keinen Grund, das andere anzugreifen. Das flussabwärts gelegene Land könnte einen solchen Grund haben, wenn es der Meinung ist, dass sein Nachbar dem Fluss zu viel Wasser entnimmt, aber was könnte es mit einer militärischen Aktion erreichen? Es wäre etwaigen Racheakten, etwa durch Vergiften der Quellen, weitgehend schutzlos ausgeliefert. Zudem sind Kriege teuer – für das, was ein moderner Krieg in einer Woche kostet, kann man, falls man Zugang zum Meer hat, gleich mehrere Entsalzungsanlagen bauen, die dann auf eigenem Territorium liegen und keine weiteren Probleme bereiten.

Die häufig gehörte Prophezeiung, «die Kriege des 21. Jahrhunderts würden um Wasser statt um Öl geführt werden», entbehrt des Verständnisses der Zusammenhänge.

Europa: Das Zeitalter der Grauhaarigen beginnt

In allen hoch entwickelten Ländern mit Ausnahme der USA werden seit langem weniger Kinder geboren, als nötig wären, um die Bevölkerungszahl aufrechtzuerhalten: Das heißt, die Bevölkerung schrumpft.

Dies gilt in besonderem Maß für Europa. Die Länder Europas werden früher als der Rest der Welt mit einem Problem zurechtkommen müssen, das beim Übergang zu einer stabilen Weltbevölkerung nicht zu vermeiden ist: das vorübergehende Kippen der Alterspyramide. Eine gewisse Zeit lang wird es mehr Alte als Junge geben, und das stellt ungewohnte Anforderungen.

Ein langweiliges Thema? Das mag so klingen, tatsächlich aber ist es eines der spannendsten. Der französische Politikwissenschaftler Emmanuel Todd hat 1976 den Zusammenbruch der Sowjetunion vorhergesagt – aus nichts anderem als den Zahlen der Bevölkerungsentwicklung. Demographische Veränderungen kommen so langsam über uns wie ein vorrückender Gletscher – und genauso unaufhaltsam. In ihnen zeichnen sich die Umrisse der Zukunft deutlicher und unvermeidlicher ab als in jeder anderen Richtung, in die wir Zukunftsreisende blicken könnten.

Bevölkerungsabnahme und Überalterung in Europa

Zwar ist die Bevölkerung Deutschlands und Europas im 20. Jahrhundert noch immer gewachsen, wenn auch langsam, trotzdem hatte in Deutschland bereits seit dem Jahr 1893 beinahe jeder Jahrgang weniger Kinder, als er selber zählte. Ähnliches gilt für andere europäische Länder. Dass die Bevölkerung dennoch zunahm, war ein kumulativer Effekt aufgrund der während des 20. Jahrhunderts drastisch steigenden Lebenserwartung. Zu Beginn der siebziger Jahre begann die Zahl der Sterbefälle die Zahl der Geburten zu übersteigen. Die Bevölkerungszunahme seither ist nur noch der Zuwanderung aus anderen Ländern zu verdanken.

Ohne Zuwanderung betrachtet, wird die Bevölkerung Deutschlands bis zum Jahr 2010 um 2,5 Millionen abnehmen, bis 2020 um weitere 3,9 Millionen, bis 2030 um weitere 5,2 Millionen und bis 2040 um weitere 6,2 Millionen. Bei Fortdauer dieses Trends würde sich die Bevölkerung Deutschlands bis zum Jahr 2080 *halbieren*. In den übrigen europäischen Ländern sind ähnliche Verläufe zu erwarten.

Ein Deutschland mit 40 Millionen Einwohnern wäre nur noch so dicht besiedelt, wie es etwa Frankreich heute ist. Das klingt zunächst gar nicht so übel. Doch das Problem ist, dass diese Bevölkerung in einem bisher noch nie gekannten Ausmaß *alt* sein wird. Es ist nicht die Zahl der Köpfe, es ist die Altersstruktur, die eine völlig neuartige Situation schafft.

Wie sieht die Bevölkerung im Jahr 2040 aus?

Wenn wir uns heute Gedanken über das Jahr 2040 machen, müssen wir uns vor Augen halten, dass das keine unendlich weit entfernte Zukunft ist. Diejenigen, die dann 40 sein werden, leben bereits unter uns. Wer heute 20 Jahre alt ist, wird dann 60 sein. Und selbst wer heute schon 60 ist, hat gute Chancen, das Jahr 2040 noch zu erleben – eine Zeit, in der auf jeden Jugendlichen ein Mensch jenseits der 80 kommen wird und nicht einmal mehr die Hälfte der Bevölkerung jünger sein wird als sechzig Jahre.

Bereits heute leben in Deutschland mehr Menschen, die 60 oder älter sind, als unter 20-Jährige. Vier Prozent der Bevölkerung sind 80 Jahre oder älter. Der Anteil derer, die 100 Jahre oder noch älter sind, hat sich in den letzten vierzig Jahren mehr als verzehnfacht.

All diese Effekte beruhen auf der Kombination von nach wie vor steigender Lebenserwartung und sinkenden Geburtenraten. Mit anderen Worten, es werden weniger Menschen geboren, aber sie leben länger. Die rechnerische Lebenserwartung eines im Jahre 1999 Geborenen beträgt 82 Jahre – wobei es gut sein könnte, dass das noch zu niedrig angesetzt ist. Die Geburtenrate dagegen liegt bei 1,4 Kindern pro Paar, was weit unter der Erhaltungsrate von 2,1 liegt.

Manche Bevölkerungswissenschaftler, die den Blick nur auf Deutschland gerichtet halten, schieben die «Schuld» daran, dass die Geburtenraten sinken, gern einem diffusen «Individualismus» in die Schuhe – so, als handle es sich dabei um eine Art Geisteskrankheit. Es sei der «Individualismus», der dazu führe, dass sich plötzlich jeder «selbst verwirklichen wolle», anstatt seiner naturgegebenen Pflicht nachzukommen, zahlreich Nachwuchs zu zeugen.

Ich halte das für Unsinn, denn die Geburtenraten sinken auch in asiatischen Ländern, in denen ein Individualismus, wie wir im Westen ihn leben, nicht einmal im Ansatz ausgeprägt ist.

Tatsächlich gibt es zunächst simple wirtschaftliche Gründe für den Rückgang von Geburtenzahlen in entwickelteren Ländern. In agrarischen, wenig entwickelten Gesellschaften bringen Kinder – die früh mitarbeiten, hart anpacken und zudem die Altersversorgung darstellen – ihren Eltern mehr ein, als sie kosten. In technisch höher entwickelten Gesellschaften ist es umgekehrt: Kinder müssen erst lange Zeit lernen, ehe sie imstande sind, etwas Nützliches zu leisten – und meist sind sie dann schon keine Kinder mehr. Wenn Kinder ihre Eltern aber mehr kosten, als sie einbringen (falls sie überhaupt je etwas einbringen), wird es zum

Luxus, Kinder zu haben. (Oder, unter ungünstigen Umständen, zum Armutsrisiko.)

Obendrein ist die Menschheit nicht vom Aussterben bedroht, und als Angehöriger eines der reichsten Länder der Welt sieht man sein eigenes Überleben als im Grunde gesichert an: Ich könnte mir vorstellen, dass sich das durchaus auch dämpfend auf den Fortpflanzungstrieb auswirkt. Vielleicht *spüren* wir einfach, dass wir zahlenmäßig genug sind. Wer nicht den dringenden Wunsch nach Kindern um ihrer selbst willen hegt, der lässt es im Zweifelsfall, welche in die Welt zu setzen.

Was immerhin den erfreulichen Aspekt hätte, dass dadurch künftig hauptsächlich Wunschkinder zur Welt kämen.

Wie verlässlich sind die Prognosen?

Zunächst einmal müssen wir uns allerdings die Frage stellen, was davon zu halten ist, wenn etwa das Bundesamt für Statistik die Bevölkerungsentwicklung für fünfzig Jahre vorausberechnet. Geht das überhaupt? Sind das unumstößliche Zahlen? Oder ist das Ganze eine in hübsche Tabellen gesetzte Trendtäuschung?

Angenommen, jemand hätte im Jahr 1950 die Bevölkerungszahlen Deutschlands für das Jahr 2000 vorausberechnet: Was hätte derjenige alles im Voraus wissen müssen, um einigermaßen richtig zu liegen? Er hätte nicht nur die noch über 10 Jahre in der Zukunft liegende Erfindung der Antibabypille, sondern auch den «Pillenknick» voraussehen müssen, also den damit verbundenen drastischen Rückgang der Geburtenzahlen. Er hätte vorausahnen müssen, dass wegen Mangels an Arbeitskräften in großem Stil Ausländer angeworben werden würden, und hätte überdies damit rechnen müssen, dass diese zu einem großen Teil – anders als erwartet – nicht wieder in ihre Heimatländer zurückgehen, sondern ihre Familien nachholen und sich in Deutschland niederlassen würden. Nützlich wäre auch gewesen, einen 1950 noch keineswegs erkennbaren Trend zur Kleinfamilie und zum Singledasein in die Kalkulation einzubeziehen. Freilich: Davon auszugehen, dass sich die Grenzen zum Osten – dem damaligen Erzfeind der freien Welt – öffnen und über 2 Millionen deutschstämmige Aussiedler aus den osteuropäischen Ländern nach Deutschland kommen würden, war 1950 außerhalb jeder vernünftigen Erwartung.

Zur Ehrenrettung des Statistischen Bundesamtes muss gesagt werden, dass dessen Experten sich all dieser Mängel völlig bewusst sind. Sie weisen auch explizit (für jedermann auf der Website des Amtes www.destatis.de nachzulesen) darauf hin, dass es sich um Modellrechnungen, Simulationen und Szenarien handelt, *nicht* um unabwendbare Entwicklungen. Lediglich manche Politiker, die mit diesen Zahlen argumentieren, scheinen das überlesen zu haben.

Dabei fällt vieles in ihr Ressort. Familienpolitik etwa kann einiges bewirken. Frankreich hat von 1993 an familien- und kinderfreundlichere Maßnahmen umgesetzt und war bestrebt, bessere Berufschancen für Mütter zu schaffen. Ergebnis: Die Kinderzahl pro Frau stieg von 1993 bis 2000 von 1,65 auf 1,88.

Auf der anderen Seite ist auch nicht gesagt, dass sich der momentane Trend zur Lebensverlängerung ohne weiteres fortsetzt. Diejenigen, die heute um die 80 Jahre und älter sind, sind die Überlebenden eines Weltkriegs und unter völlig anderen Umständen aufgewachsen als die heutige Jugend, die zu einem großen Teil bereits in jungen Jahren fettleibig ist, sich viel zu wenig bewegt und viel zu früh und exzessiv Alkohol, Nikotin und andere Drogen konsumiert: denkbar, dass sich das dereinst als Absinken der Lebenserwartung bemerkbar macht.

Wenn ich wetten müsste – was ich generell ungern tue –, würde ich darauf setzen, dass sich an den rückläufigen Geburtenraten nichts Wesentliches ändern wird und die Bevölkerungszahlen in den entwickelten Ländern weiterhin sinken. Bei der Lebenserwartung dagegen ist alles denkbar, und wir sind gut beraten, auf diese Statistik ein wachsames Auge zu haben.

Zuwanderung

Bedeutet der Rückgang der Bevölkerungszahlen, dass demnächst Städte veröden, vielleicht sogar einige heute schon dünn besiedelte Gebiete wie Mecklenburg-Vorpommern oder Teile Brandenburgs wieder zur Wildnis werden? Das ist für die nächsten Jahrzehnte wahrscheinlich, allerdings aus anderen Gründen: Aus strukturschwachen Regionen Ostdeutschlands, in denen immer noch keine wirtschaftliche Belebung spürbar ist, wandern immer mehr Jüngere ab, während die Alten bleiben und allmählich aussterben.

Deutschland insgesamt dagegen ist aus einer Vielzahl von Gründen – Klima, Lage innerhalb Europas, Kultur, gegebene Infrastruktur – ein attraktiver Lebensraum, der auch künftig imstande sein wird, interessierte Zuwanderer anzuziehen. (Nach Anbruch einer Eiszeit in Europa freilich nicht mehr.) Die werden allerdings auch hauptsächlich in die Ballungsräume gehen.

Doch selbst eine Zuwanderung, die weit über das heute übliche Maß hinausginge, wäre nicht imstande, die Veränderungen der Altersstruktur aufzuhalten. Es gibt Modellrechnungen der UNO, wonach jährlich mehr als 3,4 Millionen Menschen nach Deutschland einwandern müssten, um das zahlenmäßige Verhältnis zwischen denen, die zwischen 15 und 64 Jahre alt sind, und denen über 65 Jahren aufrechtzuerhalten. Allein bis zum Jahr 2050 wären das um die 180 Millionen Einwanderer – offensichtlich eine absurde Zahl. Wie wollte man so viele Menschen integrieren, in einem Land, das heute eines der am dichtesten besiedelten der Erde ist? Und – wo sollten sie herkommen?

Künftig sicherlich nicht mehr, wie es bisher größtenteils der Fall war, aus anderen europäischen Ländern. Die durchlaufen alle die gleiche demographische Entwicklung, und alles, was im Folgenden über Deutschland gesagt wird, trifft im Prinzip auch auf sie zu. Zudem werden diejenigen europäischen Länder, deren Lebensbedingungen so sind, dass eine Auswanderung attraktiv erscheint – was heute etwa für die osteuropäischen Länder gelten dürfte –, alles daransetzen, es nicht in großem Maßstab zu derartigen Wanderungen kommen zu lassen, um nicht vollends wirtschaftlich auszubluten: Denn wie soll das funktionieren, wenn in einem Land nur noch die Alten bleiben, die Jungen aber zum größten Teil weggehen?

Vermutlich wird es zu Zuwanderung kommen, vermutlich sogar in größerem Ausmaß als bisher, zunächst begründet in dem demnächst spürbar werdenden Mangel an jungen Facharbeitern. Die werden in zunehmender Zahl aus nichteuropäischen Ländern kommen, die in naher Zukunft noch geradezu einen Überschuss an jungen Menschen haben werden – Indien, Südamerika, Naher Osten, vor allem aber den nordafrikanischen Staaten, denen, wie im vorhergehenden Kapitel gesagt wurde, in den kommenden Jahrzehnten ein enormes Wachstum der Bevölkerung bevorsteht, mit dem das Wachstum ihrer eigenen Wirtschaft kaum Schritt halten dürfte.

Das bedeutet einen breiten Zustrom von Menschen, die einen völlig anderen kulturellen Hintergrund mitbringen werden, andere Menschenbilder, ein anderes Verständnis von Freiheit, Rechtsstaatlichkeit und Demokratie. Das wird die Integrationsfähigkeit der europäischen Länder (um die es nicht so schlecht bestellt ist, wie bisweilen getan wird) aufs Äußerste herausfordern, denn da werden kulturelle Distanzen zu überwinden sein, gegen die sich alle Unterschiede zwischen, sagen wir, Portugiesen und Dänen oder Briten und Griechen ausnehmen werden wie vernachlässigbare Nuancen.

Für den Fortgang der Geschichte, die wir über die Zukunft Europas erzählen können, wird entscheidend sein, wie die Verantwortlichen mit dem Themenbereich Zuwanderung umgehen. Glückt die Integration? Gehen positive Impulse von den Zuwanderern aus? Oder bilden sich Ghettos, isolierte Subkulturen, unzugängliche Nebengesellschaften? Wie gut beherrschen die Zuwanderer die Landessprache? Wie viele von ihnen erwerben die Staatsangehörigkeit? Wie fügen sich ihre Kinder ein – sind gemischte Freundeskreise die Regel, oder kommt es zu Bildung von Gruppen (oder gar *Banden*) auf streng ethnischer Basis?

Rechtsruck in Europa

Wenn es zwar zu Zuwanderung kommt, die notwendige Integration aber nicht gelingt, könnte dies zu einem großen Rechtsruck in Europa führen. Angst vor Kriminalität und latente Ausländerfeindlichkeit könnten rechtspopulistischen Parteien vermehrt Zulauf verschaffen und schließlich die entscheidende Mehrheit im Europaparlament und in der Kommission. Die Folge wäre die «Festung Europa».

Nach außen hin würde das verstärkte Grenzkontrollen, verschärftes Asyl- und Einwanderungsrecht, vermehrte Abschiebung, Senkung der Zuwanderungsquoten und Erschwerung der Einbürgerung bedeuten. Nach innen wäre mit Einschränkungen der Bürgerrechte und mehr Überwachung zu rechnen. Es käme zu einer Verringerung des Außenhandels, was die Wirtschaft zusätzlich belasten würde.

Eine Lösung wäre das alles freilich nicht; die Erfahrungen der Vergangenheit zeigen, dass autoritäre Regierungen Probleme eher schlechter lösen als demokratische. Die wahrscheinlichste Entwicklung wäre die Radikalisierung: Sobald sich zeigt, dass durch die Schuldzuweisung an die Migranten nichts besser wird, würde man dazu übergehen, die Sündenböcke in den europäischen Nachbarn zu sehen. Die Nationen würden sich einigeln, und in der

Konsequenz würde die Europäische Union zerfallen – mit höchst negativen Folgen für Wohlstand und Frieden.

Überalterung: Eine kommende globale Krise, die auch wieder vergehen wird

Letzten Endes wird eine Zuwanderung in großem Maßstab, selbst wenn die Integration bewältigt wird, die Probleme nur hinauszögern, aber nicht lösen. So mögen beispielsweise die Beiträge der vermutlich eher jungen Zuwanderer zu den Sozialversicherungssystemen diese zwar momentan entlasten, andererseits entstehen damit auch neue Ansprüche, und erfahrungsgemäß werden auch Zuwanderer weniger Kinder in die Welt setzen als ihre Eltern. Der Rückgang der Geburtenzahlen ist ein weltweites Phänomen, und die Probleme, die die heutigen entwickelten Länder vor allem Europas zu bewältigen haben werden, werden einige Zeit danach auch die übrigen Länder der Erde treffen.

Die freilich werden von den Erfahrungen profitieren, die andere bis dahin gemacht haben.

Auf alle Fälle wird die Krise früher oder später von selbst vorübergehen. Dann nämlich, wenn der «Berg» derer, die zwar in ihrer Generation noch zahlreich waren, selbst aber wenig Kinder in die Welt gesetzt haben, den Weg alles Irdischen gegangen sind (der Autor dieses Buches beispielsweise). Will man nicht annehmen, dass die Menschheit von nun an nur noch schrumpfen und schließlich wegen mangelnder Fortpflanzung aussterben wird, dann wird sich irgendwann gegen Mitte des 21. Jahrhunderts wieder ein Gleichgewicht einstellen, und einige Jahrzehnte später werden die Alterspyramiden in allen Gegenden der Erde wieder normal aussehen – nur eben schmaler. Was etwa Deutschland anbelangt, dürfte das Jahr 2050 bereits der Umkehrpunkt sein: Bereits zehn Jahre später ist damit zu rechnen, dass die heute zahlenmäßig starken

Jahrgänge der 30- bis 40-Jährigen zum größten Teil verstorben sein werden, sodass sich die Verhältnisse wieder zu Gunsten der Erwerbstätigen ändern – immer vorausgesetzt, es tut sich in Sachen durchschnittlicher Lebenserwartung nichts Überraschendes.

Einbruch des Rentensystems

Eine drastische Vorhersage kann man auf alle Fälle heute schon mit relativ großer Zuverlässigkeit treffen: nämlich, dass das heutige Rentensystem im Jahr 2040 nicht mehr existieren wird.

Der Zeitpunkt, an dem es spätestens endgültig in die Knie gehen wird, lässt sich schon heute recht sicher abschätzen. Die Bevölkerungsstatistik weist einen deutlichen Bauch der Jahrgänge unmittelbar vor dem «Pillenknick» auf, und sobald diese zahlenmäßig starken Kohorten um das Jahr 2020 herum in Rente gehen, werden sich die zahlenmäßigen Verhältnisse zwischen Rentnern und Beitragszahlern so schlagartig verändern, dass das bisherige System nicht mehr funktionieren kann.

Auch die zurzeit propagierte Umstellung auf ein so genanntes kapitalgedecktes Rentensystem – dass also die eingehenden Rentenbeiträge nicht sofort wieder an die Beitragsempfänger ausbezahlt werden («Umlage» genannt), sondern zu Kapital angespart werden soll, das dann im Alter Zinsen trägt – wird daran nichts ändern.

Erstens müssen Zinserträge ja erwirtschaftet werden, denn sie kommen nicht daher, dass sich ein Kapital auf geheimnisvolle Weise «vermehrt», sondern stammen immer von anderen Leuten, die Kredite aus diesem Kapital aufgenommen haben. Vereinfacht gesagt: Wenn man zum Frühstück Brötchen haben will, muss es auch genügend Bäcker geben – Geld allein backt keine Brötchen. Ob man das Geld für die Renten per Umlage oder auf dem Umweg über den Kapitalmarkt besorgt: Immer ist es zu jedem Zeitpunkt so, dass diejenigen, die arbeiten, diejenigen mit versorgen müssen, die nicht mehr arbeiten.

Zweitens ist nicht gesagt, dass auf den Kapitalmarkt immer Verlass sein wird. Eine Konsequenz sinkender Bevölkerungszahlen wird nämlich sein, dass man weniger Gebäude als bisher benötigen, viele Wohnsiedlungen gar abreißen und manche kleinen Dörfer ganz aufgeben wird. Damit werden Immobilien künftig nicht mehr wie bisher automatisch an Wert gewinnen, sondern ihre Rolle als sichere Investition und Geldanlage einbüßen.

Besonders auf die Versicherungsbranche wird sich das stark auswirken. Staatliche Regelungen verbieten, das von den Versicherten eingezahlte Geld über ein bestimmtes, sehr begrenztes Maß hinaus in Aktien und Wertpapieren anzulegen, sodass den Versicherungsgesellschaften im Grunde nur die Investition in Immobilien möglich war. Sowie diese an Wert verlieren, verlieren auch Kapitallebensversicherungen, private Altersvorsorgepläne und dergleichen an Wert. Es ist damit zu rechnen, dass in Zukunft verstärkt Versicherungen Pleite gehen werden.

Der Weg in diese Zukunft hat in Deutschland übrigens im Jahr 2003 begonnen: In diesem Jahr gingen erstmals mehr Menschen in Rente als ins Erwerbsleben eintraten.

Schwindende Kreditwürdigkeit

Im Zuge dieser Krise wird es auch den Staat selbst treffen, denn ein großer Teil der in den Ruhestand Tretenden werden Beamte sein, die Anspruch auf Pension haben. Für diese unausweichlichen Zahlungsverpflichtungen existieren heute aber keinerlei Rückstellungen – sie können auch nicht existieren, da in Deutschland in der Verwaltung nach wie vor die betriebswirtschaftlich längst als untauglich erkannte, noch aus Feudalzeiten stammende *kameralistische Buchführung* Anwendung findet, die nur Einnahmen und

Ausgaben berücksichtigt, Verschuldungen, die in eingegangenen Zahlungsverpflichtungen bestehen, dagegen ignoriert. Bei dieser Gelegenheit wird sich herausstellen, dass die tatsächlichen Staatsschulden weitaus höher liegen als heute angegeben, nämlich eher bei 6 als bei 1,5 Billionen Euro.

Wird der Staat also noch mehr Schulden aufhäufen? Dass bis dahin der wenig wirksame «Stabilitätspakt» von Maastricht noch existieren wird, darf man zwar getrost bezweifeln, aber auch ohne diesen könnte es auf einmal unerwartet schwer werden, die benötigten Kredite aufzutreiben. Um sich zu verschulden, muss man nämlich erst einmal jemanden finden, der einem Geld zu leihen bereit ist. Bislang genießt Deutschland in den Bewertungen aller großen *Rating*-Agenturen, die die Kreditwürdigkeit von Schuldnern aller Art untersuchen, beste Noten. Doch das könnte sich ändern, denn die oben beschriebenen finanziellen Probleme, denen die deutschen Sozialsysteme ab 2020 ausgesetzt sein werden, sind natürlich auch den international tätigen Finanzleuten bekannt. Mit einigem Vorlauf – sagen wir, spätestens ab 2015 – könnten die *Ratings* schlechter werden, und das heißt für den armen Menschen, der dann deutscher Finanzminister sein wird, dass er höhere Zinsen für Staatsanleihen versprechen muss, um trotzdem Investoren zu locken. Höhere Zinsen lasten wiederum noch schwerer auf den darauf folgenden Haushalten – eine unter Umständen dramatische Spirale, da natürlich, wenn die Bevölkerung schrumpft, auch die Zahl der Einkommen zurückgehen wird, die man besteuern kann. Folge: Das Steueraufkommen wird sinken.

Keine Renten für Kinderlose?

Die gegenwärtig gültigen Regeln der Rentenversicherung bevorzugen kinderlose Erwerbstätige. Ein Ehepaar, das keine Kinder in die Welt gesetzt hat und dessen beide Teile stets berufstätig waren, kann sich mit einer fürstlichen Altersversorgung zur Ruhe setzen, während eine allein stehende Mutter von vier Kindern damit rechnen muss, ihr Alter in Armut zu verbringen: Das ist, bedenkt man, wer die Renten aufbringt, schreiend ungerecht.

Jede Ungerechtigkeit aber – wenn man Geschichten erzählt, sagt man allgemeiner *Konflikt* dazu – ist eine tickende Zeitbombe. Sobald die Verhältnisse in der Rentenversicherung untragbar werden, dürfte hier eine erste argumentative Front entstehen: Es werden Forderungen laut werden, die Renten nicht mehr nach dem letzten Monatsgehalt zu bemessen, sondern nach der Zahl der Kinder, die jemand großgezogen hat.

Dieses Argument wird freilich mindestens fünfzig Jahre zu spät kommen, um noch etwas zu bewirken.

Wie die meisten sich am Horizont der Zukunft abzeichnenden Probleme, nur vielleicht in noch stärkerem Maße, wird es auch hier für die weitere Entwicklung vor allem darauf ankommen, welche Entscheidungen wann getroffen werden und wie klug sie sind.

Höchste Zeit, uns mit dem vielleicht wichtigsten Faktor zu beschäftigen, der unsere Zukunft gestaltet: unserem Denken.

Was und wie wir denken

Jemand erzählt uns von einer Stadt, in der es zwei konkurrierende Firmen gibt, sagen wir, zwei Hersteller von Zentralheizungen. Die eine, Firma A, ist groß und alteingesessen, hat Hunderte von Angestellten und im Lauf der Zeit Zehntausende von Heizungen installiert, besitzt vielleicht wichtige Patente auf bestimmte Bauteile, Grundstücke und Geschäfte in guter Lage und jede Menge Geld obendrein. Die andere Firma dagegen, B, hat erst vor drei Jahren aufgemacht, werkelt in einer kleinen, gemieteten Hinterhofwerkstatt, hat ganze fünf Angestellte und kein Vermögen, sondern Schulden bei der Bank.

Wenn wir in Kenntnis dieser Tatsachen zehn Jahre in die Zukunft blicken, wen werden wir anzutreffen erwarten? Ohne Zweifel Firma A, die nach den Zahlen dasteht wie eine Eins. Und wen werden wir nicht mehr vorfinden? Firma B, vermutlich – oder?

Doch nun erfahren wir noch etwas – und zwar über die *Besitzer* dieser Firmen.

Der Gründer und langjährige Geschäftsführer der Firma A ist unlängst überraschend verstorben und die Firma auf seinen Sohn übergegangen, von dem man weiß, dass er schnelle Autos und rauschende Partys gewöhnt ist, aber keine geregelte Arbeit. Zudem macht der neue Chef der Firma A hauptsächlich durch arrogantes Auftreten, Großspurigkeit und Geltungsbedürfnis auf sich aufmerksam. Er ändert Geschäftspläne nach Lust und Laune, verwirft Projekte auf halbem Wege, wenn ihm danach ist, und hat sich mit vielen wichtigen Mitarbeitern zerstritten, von denen einige gekündigt haben, andere dicht davor stehen; zwei haben sogar schon zur Firma B gewechselt. Zu allem Überfluss gehört der neue Chef einer obskuren Sekte an, der er regelmäßig riesige Beträge spendet und deren Gedankengut er in seiner Firma zu verbreiten sucht.

Firma B dagegen ist von einem Mann gegründet worden, der nicht nur fachlich hervorragend ausgebildet ist, sondern der auch schon beeindruckende Erfolge in leitenden Positionen erzielt hat. Er hätte in einem großen Konzern Karriere machen können, zog es aber vor, seine eigene Firma zu führen. Seine Mitarbeiter schätzen ihn als kompetent, loyal, umgänglich und klugen Kopf. Er versteht es zu wirtschaften, hat ein aufmerksames Ohr für die Bedürfnisse der Kunden und ist einfallsreich, sowohl was technische Probleme anbelangt als auch in Sachen Werbung.

Jetzt sehen wir die Zukunft auf einmal völlig anders, nicht wahr?

Wir werden nun, im völligen Gegensatz zu unserer ersten Vermutung, erwarten, dass Firma B in zehn Jahren immer noch existieren wird, nur größer, stärker, erfolgreicher. Ob Firma A dagegen noch existieren wird, erscheint uns nun zumindest fraglich.

Warum? Was war der entscheidende Faktor?

Die Menschen. Genauer gesagt: das, was sie denken – und *wie* sie denken. Wir haben ein instinktives Gespür dafür, dass das, was sich zwischen unseren Ohren abspielt, einer der wichtigsten Faktoren dafür ist, wie sich unsere Zukunft gestalten wird.

Diese Weisheit spiegelt sich in dem alten chinesischen Sprichwort:

Aus Gedanken werden Worte.
Aus Worten werden Taten.
Aus Taten werden Gewohnheiten.
Aus Gewohnheiten wird Charakter.
Aus Charakter wird Schicksal.

Dies gilt allerdings beileibe nicht nur für einzelne Menschen. Was und wie Menschen denken – ihr *Bewusstsein* mithin –, hat auch immer schon den Verlauf der Geschichte entscheidend geprägt.

Für Geschichtenerzähler ist das allerdings eine Binsenweisheit. Die *Motivationen* der Charaktere bestimmen den Verlauf einer Geschichte mehr als alles andere. Wenn man sich tief genug in seine Figuren hineindenkt (und -fühlt), entsteht die Story praktisch von selbst.

Wie tief greifend sich unser Denken auch im richtigen Leben auswirkt, zeigt eine Studie amerikanischer Psychologen. Sie verglichen die Vorstellungen von Menschen über die Zeit ihres eigenen Alters und ihre Erwartungen über ihren späteren Gesundheitszustand mit dem Lebensalter, das diese tatsächlich erreichten. Dabei stellte sich heraus, dass diejenigen, die erwarteten, lange zu leben und dabei im Rahmen des Üblichen weitgehend gesund zu bleiben, im Schnitt *sechs Jahre länger lebten* als diejenigen, die sich vor Krankheiten, Schmerzen, Demenz und frühem Tod ängstigten.

Womit wir wieder beim Thema wären.

Ein neuer Lebensentwurf

Das Problem der alternden Gesellschaft lässt sich nämlich nicht lösen, indem man in Kategorien von Beitragserhöhung und Rentenkürzung denkt, sondern nur, indem man zu einem komplett neuen Lebensentwurf kommt. Da es keine andere Möglichkeit gibt (wer es nicht glaubt, möge sich die Zahlen besorgen und selbst rechnen), ist es auch in diesem Fall nicht schwer, vorherzusagen, dass es letzten Endes so kommen *wird*.

Unausweichlich und damit Eckstein des künftigen Konzepts, wie ein Arbeitsleben aussieht, wird die drastische Erhöhung des Rentenalters sein. Wer heute unter 30 ist, braucht nicht mehr damit zu rechnen, mit 65 Jahren in Rente zu gehen, vom Vorruhestand mit 60 oder gar 57 ganz zu schweigen. Das künftige Rentenalter dürfte eher bei 70 oder sogar 75 Jahren liegen.

Ächz! Fünf oder gar zehn Jahre länger malochen?

Diese Reaktion wird kommen, aber sie ist im Grunde nur eine Reflexhandlung, denn: Wer, bitte, *malocht* denn heutzutage noch wirklich im Sinne des Wortes? Ein immer geringer werdender Anteil der Arbeitsplätze ist noch mit schwerer körperlicher Arbeit verbunden – zehn Prozent vielleicht, für die man Ausnahmeregelungen treffen kann –, ansonsten verbringen die weitaus meisten Menschen in den entwickelten Ländern ihre Arbeitszeit an Schreibtischen, vor Computern, hinter Ladentheken oder jedenfalls mit Tätigkeiten, für die sie keineswegs mit dem 65. Geburtstag untauglich werden. Die heute verbreitete Haltung, in seinem Berufsleben etwas zu sehen, was man – Augen zu und durch! – am besten schnellstmöglich hinter sich bringt, damit das eigentliche Leben losgehen kann, wird sich nicht mehr aufrechterhalten lassen.

Tatsächlich ist die magische Zahl 65 als Beginn des Renten- und damit Greisenalters nur eine geistige Gewohnheit aus Zeiten, in denen die durchschnittliche Lebenserwartung mit 67 Jahren nur wenig darüber lag. Damals *war* man mit 65 Jahren alt. Doch schon heute gilt das nicht mehr, und es wird erst recht nicht mehr gelten, wenn die, die heute jung sind, in dieses Alter kommen.

Dass es hier nicht wirklich um eine Frage des Alters geht, kann man daran sehen, dass von denjenigen, die sich ihre Arbeitsumstände selbst gestalten können – Künstler, Politiker, Wissenschaftler, Unternehmer und so weiter –, kaum jemand daran denkt, überhaupt jemals aufzuhören zu arbeiten, geschweige denn mit dem 65. Lebensjahr. Wissenschaftler *leiden* regelrecht darunter, wenn man sie altershalber aus ihren Labors vertreibt. Rockmusiker wie die Rolling Stones, Bob Dylan oder Paul McCartney, die es weiß Gott nicht mehr nötig hätten und zudem in einem Alter sind, in dem andere schon die Tage bis zum Rentenbeginn zählen, touren unverdrossen um die Welt und füllen Stadien wie eh und je.

Es geht bei der demographischen Herausforderung im Grunde darum, ein neues Verhältnis zwischen Arbeit und Leben zu finden. Wer eine Lebenserwartung von 82 Jahren hat und vielleicht nach einem Studium erst im Alter von 28 Jahren zu arbeiten beginnt, der würde, wenn er schon mit 65 Jahren in Rente geht, ganze 37 Jahre seines Lebens im Erwerbsleben verbringen, dagegen 45 Jahre außerhalb davon: Das *kann* nicht funktionieren. Man rechne sich das selber aus: Angenommen, man müsste nur für sich allein vorsorgen und zudem die Kosten für seine eigene Ausbildungszeit zurückzahlen – dafür würden zwanzig Prozent des Gehaltes nicht reichen. Es müssten weit über fünfzig Prozent sein.

Und genauso wäre es bei einem Rentensystem auf Basis dieses Verhältnisses zwischen Berufsleben, Ruhestand und Ausbildungszeit. Denn ein Rentensystem erzeugt ja keinen Wohlstand aus dem Nichts, sondern ist nur eine Versicherung auf Gegenseitigkeit: Da sich nicht im Einzelfall vorhersagen lässt, wie lange jemand lebt, wird über den Zusammenschluss vieler ein Ausgleich der Risiken geschaffen.

Veränderte Werte

Eigentlich könnten die Älteren die Gesellschaft der nächsten Jahrzehnte unangefochten dominieren. Sie werden nicht nur die größte Wählerschicht darstellen, sie sind auch geübt darin, an Wahlen teilzunehmen und sich in den politischen Prozess einzubringen – Fertigkeiten, die junge Menschen immer erst erlernen müssen. Zudem werden diese Älteren finanzstark sein wie keine Generation jemals vor ihnen: Abgesehen von ihren eigenen Einkünften, werden sie Milliarden von Euro geerbt haben und zum größten Teil fest entschlossen sein, sie zu eigenen Lebzeiten auszugeben.

Zudem ist diese Generation aufs Ältersein bestens vorbereitet. Zum einen werden diese Älteren gesünder sein, als es alte Leute jemals waren: Arbeitsbedingte Gesundheitsschäden sind selten geworden, moderne Medizin macht viele altersbedingte Gebrechen beherrschbar, die meisten haben schon in jungen Jahren angefangen, auf gesunde Ernährung zu achten, und sind es gewohnt, für ihr eigenes Wohlbefinden zu sorgen. Aufgewachsen mit Rockmusik, Psychologie, dem Ideal sexueller Befreiung und dem Ziel der Selbstverwirklichung, werden die meisten dieser Alten sich nicht alt *fühlen*, egal wie viele Lebensjahre sie zählen. (Bei manchen hat man den Eindruck, sie sind noch nicht einmal *erwachsen*!)

Jugendliche werden bald mangels Zahl keine wirklich attraktive Zielgruppe mehr sein. Gut möglich, dass der karriereorientierte Angestellte künftiger Jahrzehnte sich die Schläfen dezent grau färben lässt, um seine Aufstiegschancen zu verbessern, und dass es für junge Frauen Cremes geben wird, die jene von gelebtem Leben, Erfahrung und Reife kündenden kleinen Fältchen um die Augen herum vortäuschen oder erste Ansätze dazu hervorheben.

Eine längere Lebensarbeitszeit würde eine Veränderung der Arbeitswelt insgesamt erzwingen. Mehrere verschiedene Berufe im Lauf seines Lebens zu erlernen und auszuüben wäre dann eher die Norm als die Ausnahme. Die einst so starren Strukturen der Arbeitswelt würden in heute noch kaum vorstellbarem Maß flexibler Gestaltung weichen; auf jeden Fall würde man vermehrtes Augenmerk darauf richten, die Arbeitsbedingungen erträglich zu gestalten. Es dürfte eine Vielzahl von Teilzeitbeschäftigungsverhältnissen geben, verschiedene Modelle gleitender Ausstiege und Übergänge, Mischformen aus ehrenamtlichen und bezahlten Tätigkeiten und vieles andere mehr. Die heute noch übliche Mode, ältere Arbeitnehmer so früh wie möglich in den Ruhestand zu entsorgen und stattdessen junge Kräfte einzustellen, wird jedenfalls in Bälde enden aus dem simplen Grund, dass sich besagte junge Kräfte nicht mehr werden finden lassen.

Erst die Kinder, dann die Karriere

Wenn die oberen Ränge einer Karriereleiter von Älteren besetzt sind, erschwert dies auch den Zugang zu den unteren Rängen. Eine Folge verlängerter Lebensarbeitszeiten könnte sein, dass man weitaus später als heute damit anfangen wird, Karriere zu machen. Gut möglich, dass man künftig einfach als zu jung und unerfahren gilt, ehe man nicht mindestens 40, besser 45 ist.

Das könnte sich jedoch insgesamt als vorteilhaft erweisen. Heutzutage sind Väter und meistens auch Mütter gerade in den Jahren am intensivsten in ihrem Beruf eingespannt und die meiste Zeit weg von zu Hause, in denen ihre Kinder sie am nötigsten brauchen würden. In einer Gesellschaft, in der man vor dem vierzigsten Lebensjahr ohnehin keine ernsthafte Karriere machen könnte, hätte man die Zeit, sich der Erziehung seiner Kinder in ausreichendem Maße zu widmen. Das käme einerseits der Gesellschaft zugute, weil glückliche und wohlerzogene Kinder weniger anfällig dafür sind, Ladendiebe, Handtaschenräuber oder Drogensüchtige zu werden, aber auch den Eltern. Denn das Aufziehen von Kindern ist außer Arbeit auch eine wertvolle Erfahrung, die Eltern zu reiferen Menschen werden lässt, bis die Kinder einigermaßen selbständig sind und es dann im Beruf anfängt, richtig loszugehen.

Ein weiterer Nebeneffekt: Wenn vor allem Frauen sich nicht mehr zwischen Kindern und Karriere entscheiden müssen, sondern beides haben können, dann *werden* vielleicht auch viele beides haben *wollen*. Auf diesem Wege könnte sich auch unter den Lebensbedingungen der Neuzeit wieder ein Gleichgewicht zwischen den Generationen einstellen.

Jugendwahn und Altersdiskriminierung

Ein großes Hindernis in unseren Köpfen steht dieser Entwicklung allerdings entgegen: der schon erwähnte Jugendwahn, in den wir uns in den letzten Jahrzehnten hineingesteigert haben. Und dies ist der Punkt, an dem das Bewusstsein der Gesellschaft darüber entscheidet, in welche Richtung die Reise geht.

Angefangen hat es in den sechziger Jahren, als die Jugendlichen mit ihren Taschengeldmilliarden als Konsumentengruppe entdeckt wurden. Die Werbung ist es auch, die den Jugendwahn bis heute in unser Bewusstsein träufelt. Heute huldigen manche Personalverantwortlichen vor allem in den «jungen, trendigen» Berufssparten wie Telekommunikation oder in den Medien der merkwürdigen Weisheit, mit 35 sei einer schon «verbraucht», «kreativ ausgelaugt» oder «geistig nicht mehr wendig genug». Zu Zeiten der Dot. com-Hysterie sahen sich junge Menschen mit der geisteskranken Idee konfrontiert, man müsse mit 21 schon Milliardär sein, ansonsten sei man ein Versager. Mittlerweile versucht man, künftige Popstars schon von der Schulbank weg zu rekrutieren, und dass man ab 50 oder schon ab 45 keinen neuen Job mehr kriegt, wird längst duldsam hingenommen.

Dieser Jugendwahn dürfte künftigen Generationen ungefähr so merkwürdig vorkommen wie uns heutzutage die lebensfernen Moralvorstellungen des viktorianischen Zeitalters. Denn ein Wahn ist es: Man merkt es daran, wie jäh man daraus erwacht, sobald man sich die Frage stellt, ob man denn wirklich von einem zwanzigjährigen Bundeskanzler regiert werden wollte – oder von einem achtzehnjährigen Chirurgen am Herzen operiert? Ach nein, da winkt dann doch jeder ab. Da hätte man dann doch gerne ein bisschen mehr Lebenserfahrung.

Natürlich hat die Jugend ungeachtet der Verzerrungen durch den momentanen Jugendwahn verschiedene wirkliche Stärken. Diese sind vor allem körperlicher Natur: Es wird niemals eine

Weltmeisterschaftself aus Vierzigjährigen geben, und auch wer es im Ballett oder als Klaviervirtuose zu etwas bringen will, muss früh damit anfangen, seinen Körper entsprechend zu formen. Junge Menschen sind stärker, belastbarer und ausdauernder, ein Gesichtspunkt, der nicht zuletzt unter militärischen Gesichtspunkten von Belang ist. Man muss davon ausgehen, dass eine überwiegend alte Nation auch eine militärisch schwache Nation sein wird (darauf werden wir noch zu sprechen kommen müssen).

Doch wenn sich die Gesellschaft von dem Jugendwahn nicht befreien kann, droht, wie der FAZ-Herausgeber Frank Schirrmacher warnt, eine Diskriminierung des Alters in heute noch kaum vorstellbarem Maß.

Alt werden ist teuer. Und die Jungen könnten das Ansinnen, für diese Kosten aufzukommen, einfach von sich weisen. Das wird passieren, wenn versäumt wird, bessere Lösungen der Probleme zu finden, als die Jungen ausbeuten zu wollen – und es wird passieren, wenn sich ein geistiges Klima verfestigt, das nur in der Jugend das wahre Leben sieht und das Alter als Verfall abtut. Fatalerweise transportieren die heutigen Medien, allen voran das Fernsehen, mehrheitlich genau dieses Bild.

Der entscheidende Punkt wird nicht sein, ob die Jungen daran glauben (solange man jung ist, ist das eigene Alter ohnehin außerhalb allen Vorstellungsvermögens), sondern ob die *Alten* diese Ideologie übernehmen. Ein Signal in diese Richtung wäre, wenn die ältere Generation in den Parlamenten weiterhin zahlenmäßig unterrepräsentiert bliebe. Sollten die Alten auf die kommenden Zeiten damit reagieren, sich für «Ausschuss» zu halten, zu kapitulieren und sich freiwillig zurückzuziehen – obwohl sie, wie wir gesehen haben, in ihrer Finanzkraft und Zahl eigentlich der größte Machtfaktor wären –, dann droht die Epoche der altersbetonten Gesellschaften ein unerfreuliches Zeitalter zu werden.

Es könnte damit beginnen, dass die Krankenkassen die aufwendige Behandlung einer Krankheit nicht mehr bezahlen, wenn der Patient eine bestimmte Altersgrenze überschritten hat. Keine Hüftgelenksprothesen mehr für 85-Jährige, Herzschrittmacher nur noch bis 80 – und irgendwann keinen Zahnersatz mehr ab 70.

Die extremste Form dieser Diskriminierung bestünde in einem Wandel der öffentlichen Meinung, die Euthanasie betreffend. Die Gesellschaft könnte dazu übergehen, von Menschen ab einem bestimmten Alter zu erwarten, den Freitod zu wählen, spätestens beim Ausbruch einer nur kostspielig zu behandelnden Krankheit. In Deutschland mag das noch lange Zeit ein Tabu sein, doch in benachbarten Ländern zeichnen sich in jüngster Zeit schon Entwicklungen in diese Richtung ab.

Korruptes Denken

Tabus und das, «was üblich ist», sind genau wie Essensgewohnheiten, Grußworte und Umgangsformen ein Teil dessen, was man *Mentalität* nennt – sozusagen die Gesamtheit dessen, was und wie eine Gruppe von Menschen denkt. Doch während manche Gepflogenheiten, wie z. B. wann man Trinkgeld gibt und wann nicht, relativ beliebig sind, gibt es Aspekte, die weitreichende Folgen, ja geradezu Signalwirkung haben. Hierzu zählt beispielsweise die allgemeine Einstellung zur Korruption.

Über Korruption wird wenig berichtet, und wenn, dann meist als Phänomen, das anderswo auf der Welt auftritt, und so richtig schlimm scheint es auch niemand zu finden. Warum auch? Eine korrupte, d. h. bestechliche Gesellschaft eröffnet doch ganz neue Möglichkeiten? Einen Geldschein im Pass «vergessen», und schon wird die Genehmigung erteilt, an eventuellen gesetzlichen Regelungen vorbei – ist doch toll, oder?

Für unsere Geschichte der Zukunft ist Korruption jedoch ein Signal, dass es um die Zukunft eines Landes schlecht bestellt ist. Denn tatsächlich richtet Korruption auf lange Sicht die Wirtschaft zugrunde, aus dem einfachen Grund, dass sie Spielregeln aushebelt, deren Sinn es ist, *Leistung* zu belohnen und damit zu ermutigen. In dem Maße, wie sich nicht mehr die Besten durchsetzen, sondern diejenigen, die «Connections» haben und am besten «schmieren», erlahmt das Interesse, sich Mühe zu geben.

Man braucht sich nur vorzustellen, es würde durchsickern, dass bei den nächsten Olympischen Spielen sportliche Leistung nichts mehr zählt: Die Teilnehmer haben keine nationalen Ausscheidungskämpfe gewonnen, sondern sich ihren Startplatz mit Hilfe großer Sponsoren gekauft, alle Schiedsrichter sind bestochen, die Siegerlisten längst hinter verschlossenen Türen ausgehandelt, gegen *Cash*, versteht sich, und die Wettkämpfe sind reine Show – wen würde das noch interessieren? Einige wenige würden absahnen, aber danach wären die Olympischen Spiele gestorben. Mehr noch: Sie wiederzubeleben wäre nach einem solchen Skandal fast unmöglich.

Korruption ist eine kollektive Geisteshaltung. Wer als Einzelner versucht, dagegen anzugehen oder zumindest nicht mitzumachen, scheitert meistens und muss sich auch noch als Dummkopf bezeichnen lassen. «Das macht doch jeder», sagt man ihm und: «Was ist schon dabei?» Jeder macht es, weil es jeder macht. Haben sich «Seilschaften» erst einmal etabliert, sind Verhältnisse geschaffen, die stark dazu neigen, sich selbst zu erhalten, ja auszuweiten. Irgendwann erfasst die Korruption die Justiz, und wenn nicht mehr Gesetze entscheiden, wer Recht bekommt, gibt es kein Recht mehr und auch keine Sicherheit.

Handys und Schwarmbewusstsein

Auch die Technik, die wir in unser Leben einbeziehen, verändert unsere Art zu denken. So beobachten Soziologen gegenwärtig, wie sich die massenhafte Verbreitung von Mobiltelefonen auf Gewohnheiten, Verhaltensweisen und letztendlich auf das Bewusstsein selbst auswirken. Was sie beobachten, ist: Moderne Jugendliche treffen keine Verabredungen mehr. Planen, sich verbindlich festlegen, Zusagen geben – alles viel zu lästig. Altmodisch. Das Handy hervorgeholt, und schon ist man, wo man auch ist, mitten im Geschehen, mit anderen in Kontakt, kann abchecken, was läuft und wo, und entscheiden, was man tut.

Die Bewegungen solcher Cliquen, sagen Biologen, ähneln auffallend denen von Fisch- oder Vogelschwärmen: Es gibt keine zentrale Kommandoeinheit, vielmehr kommuniziert jeder mit jedem, und daraus entstehen Vorhaben, Aktionen, gemeinsame Handlungen. Niemand hat einen Plan, niemand braucht einen.

Mitglieder eines solchen «Schwarms» stehen unter ganz neuartigem Druck. Dass der Akku immer geladen ist, hat oberste Priorität. Wer sein Handy abschaltet, ist draußen, allein, auf sich gestellt, hat irgendwann Angst, etwas zu verpassen. Wer sich zu oft mit abgeschaltetem Handy erwischen lässt, manövriert sich in eine Außenseiterposition, wirkt unzuverlässig. Ist er Teil eines Liebespaars, macht er sich regelrecht verdächtig.

Noch abzuwarten wird sein, wie sich diese so andersartige Sozialisation im Leben auswirkt. Wenn man nie gelernt hat, Pläne mit anderen zu machen, wie wird man größere, langfristigere Projekte bewältigen? Wie mit Vorhaben zurande kommen, die vielleicht Jahre kontinuierlicher, nicht immer lustbetonter Arbeit erfordern? Was wird eine Zusage von jemandem wert sein, der seine Jugend hindurch alle Zusagen als vorläufig zu verstehen gelernt hat, unter dem Vorbehalt, «falls sich nichts Besseres findet»?

Vielleicht wird sich herausstellen, dass die Jugend im «Schwarm» nur eine Phase ist, die auch wieder vorübergeht. Vielleicht wird man die fürs Selbstmanagement nötigen Fertigkeiten anderweitig erwerben. Oder – vielleicht wird eine Gesellschaft entstehen, in der man sie nicht mehr braucht, sondern genau die Fähigkeiten, die man im «Schwarm» trainiert hat.

Tatsache ist jedenfalls, dass sich Handy-Vielbenutzer und SMS-Versender daran erkennen lassen, wie sie Klingelknöpfe betätigen: Sie drücken nicht mehr mit dem Zeigefinger, wie Generationen seit Einführung des elektrischen Stroms in Privathaushalten vor ihnen – sondern mit dem bei ihnen viel trainierteren Daumen.

Die ersten Signale neuer Denkweisen

Wir denken heute anders als die Generation unserer Eltern oder Großeltern. Das 20. Jahrhundert war geprägt von der Auseinandersetzung zwischen Ideologien – Sozialismus, Kommunismus, Faschismus und noch etliche -ismen mehr rangen blutig darum, die «richtige» Ideologie zu sein. Heute kommt vielen die bloße Idee merkwürdig vor, eine Ideologie könne Richtschnur unseres Handelns sein. Die Welt in Schwarz und Weiß, Gut und Böse erklären zu wollen hat sich als zu simpler Ansatz entpuppt.

Vermutlich werden sich in Zukunft neue Denkweisen etablieren. Wir leben in einer zunehmend komplexeren Welt, in der es unmöglich geworden ist, alles zu erfassen, zu verfolgen und zu überblicken. Alles ist miteinander vernetzt, jede Handlung löst Ketten von Wirkungen aus, die ihrerseits Ketten von Wirkungen auslösen. Wir fühlen, dass es wenig statische Gewissheiten gibt, dass im Grunde alles immer im Fluss ist. Die in der Ökologie, Evolutionsbiologie oder in der Kybernetik vernetzter Systeme entwickelten Denkweisen dringen in unser alltägliches Denken vor. Heutige Kinder trainieren das komplexe Denken in computergestützten Simulationsspielen, an deren weit simpler gestrickten Vorgängerprogrammen noch vor einigen Jahrzehnten selbst Spezialisten scheiterten. Das wird, darf man vermuten, nicht ohne Auswirkungen bleiben.

Ebenfalls nicht ohne Auswirkungen bleiben dürfte eine andere geistige Diät, die sich andere Jugendliche antun, indem sie sich mit

Hilfe von Computerspielen zu virtuellen Kampfpiloten oder Massenmördern trainieren. Man mag keinen zwingenden Zusammenhang zu den in letzter Zeit überhand nehmenden Schulmassakern herstellen können (was auch daran liegen könnte, dass noch zu wenig solcher Gemetzel stattgefunden haben, um eine statistisch unbestreitbare Datenbasis zu bieten), doch bleibt auf alle Fälle der Zusammenhang bestehen, dass man nur die Fähigkeiten zur Verfügung hat, die man übt.

Aber unsere Lebenswelt ist nicht nur immer komplexer geworden, sie hat auch jahrzehntelang beständig an Tempo zugelegt. Schneller, höher, weiter war das ganze 20. Jahrhundert hindurch das Motto. Mehr Resultate pro Zeiteinheit! Höhere Produktivität! Mehr Effizienz! Und vor allem – mehr *Geschwindigkeit*! Heute kommt schon Ungeduld auf, wenn eine Bestellung nicht schon am nächsten Tag da ist. Innerhalb kurzer Zeit zurückgerufen zu werden reicht nicht mehr; wir wollen wen auch immer *sofort* an der Strippe haben, und sei es, dass wir ihn auf dem Klo erwischen.

Gegen diesen Beschleunigungsdruck regt sich spürbar Widerstand, und es ist anzunehmen, dass daraus eine breite Bewegung wird. Immer häufiger hört man den Begriff «Entschleunigung». Jeder kennt den Titel des Romans «Die Entdeckung der Langsamkeit», auch diejenigen, die ihn nicht gelesen haben, weil er wie in einem Slogan das Bedürfnis ausdrückt, das immer mehr Menschen verspüren: nämlich zu einem Tempo zurückzugelangen, das man nicht mehr als unmenschlich fordernd empfindet. Man darf davon ausgehen, dass die zunehmende Alterung der Gesellschaft diesem Sinneswandel Vorschub leisten wird.

Konsequenzen kann das für diejenigen Branchen haben, die erklärtermaßen auf Beschleunigung aus sind, wie Logistik, Telekommunikation und Informationstechnologie. Schon führen die ersten Firmen einen E-Mail-freien Tag pro Woche ein, damit die Mitarbeiter sich mal wieder von Angesicht zu Angesicht sehen – und zum ungestörten Arbeiten kommen. Schon regen sich hier und da (nicht unberechtigte) Zweifel, ob PCs Büroarbeit überhaupt effizienter machen oder einfach nur komplizierter. Es ist schon fast zum Statussymbol geworden, kein Handy zu *brauchen*.

Und wenn man mal anfängt zu fragen, ob langsamer nicht besser wäre, folgt bald die Frage, ob es nicht auch *einfacher* ginge, mit *weniger*. Immer öfter hört man von Leuten, die, anstatt Karriere zu machen, in einen schlechter bezahlten Job wechseln, der ihnen dafür mehr Freizeit und weniger Stress einbringt. Lohnt es eigentlich, immer hinter dem «Neuesten» her zu sein, den «letzten Schrei» haben zu müssen? Und *muss* man wirklich so viel Zeug besitzen, das alles gewartet, gepflegt, verstanden werden will? Kaum eine Zeitschrift, die noch keinen Artikel gebracht hat, wie man mal so richtig ausmistet. Einfach ist in. Hersteller von bewusst aufs Essenzielle reduzierten Haushaltsartikeln, minimalistischen Einrichtungsgegenständen und Kleidung aus Naturstoffen erleben zurzeit einen Boom.

Gut möglich, dass das mehr wird als eine Mode – nämlich eine kreative Weise, mit der Begrenztheit der Welt umzugehen.

Rückkehr der Religionen

Die gegenwärtig zu beobachtende große Anziehungskraft fundamentalistischer Religionen – beileibe nicht nur in den islamischen Ländern, sondern auch in den USA und zunehmend auch in Europa – dürfte sich teilweise ebenfalls aus dem wachsenden Bedürfnis erklären, sich einer komplexer werdenden Welt zu entziehen. Dadurch, dass diese Glaubensgemeinschaften einfache Erklärungen bieten und das Leben mit simplen Aufteilungen in Gut und Böse überschaubar machen, schaffen sie eine Geborgenheit, die das von naturwissenschaftlicher Weltsicht geprägte Denken kaum zu bieten vermag.

Doch es ist nicht die Sehnsucht nach Einfachheit allein. Die

Rückkehr ausgeprägter Frömmigkeit ist auch eine Antwort auf das von der modernen Medienwelt erzeugte Gefühl, dass «alles erlaubt ist» und es keine Grenzen, keine Tabus mehr gibt. Doch diese scheinbare «Befreiung» bleibt hohl, erzeugt Orientierungslosigkeit und das Gefühl von Verlorenheit. Wir Menschen brauchen zwar durchaus manchmal Befreiung von veralteten Einschränkungen, doch noch wichtiger ist es, Werte zu haben und einen Sinn im Leben zu sehen. Hierfür bieten sich Religionen aller Art an, und die gegenwärtige Beliebtheit des Dalai Lama rührt bestimmt nicht nur von dessen sympathischer Ausstrahlung her, sondern von dem, was er sagt.

Nicht nur Religionen, auch Magie und Spiritualismus gedeihen vor diesem Hintergrund. Viele basteln sich ihre ganz eigene Weltanschauung, wobei sie sich frei aus der Gedanken- und Symbolwelt der bekannten Religionen, aber auch aus uralten Kulten jeder Art bedienen. Doch die darin steckende Beliebigkeit könnte bald ermüden, das Beharren auf Tradition dagegen wieder anziehend wirken. Das käme dann unter anderem auch der katholischen Kirche zugute, die seit zwei Jahrtausenden wie ein Fels in der Brandung des Zeitgeistes steht.

Globalisierung: Ein Bewusstseinswandel

Im Grunde ist auch das, was wir Globalisierung nennen, Teil eines seit Jahrhunderten vor sich gehenden Bewusstseinswandels. Wir werden mehr und mehr vertraut mit der Vielgestaltigkeit der Welt, gewöhnen uns daran, dass es Menschen gibt, die anders aussehen als wir, anders sprechen als wir, andere Gewohnheiten und andere Traditionen haben – und die trotzdem *irgendwie* so sind wie wir auch. Das Wesen dieses Bewusstseinswandels ist, dass wir lernen zu sehen, was unter der bunten, fremdartigen Oberfläche ist, dass nämlich jeder Mensch weiß, was Freude ist, dass er Angst kennt und Schmerz und Sorge, dass jeder sich nach Anerkennung sehnt und nach Liebe und dass das bei allen Menschen das Gleiche ist.

Wir sind heute allerdings noch weit davon entfernt, dass alle Menschen «gleich» wären. Rassismus, Diskriminierung und Ausländerfeindlichkeit werden noch lange Zeit Begriffe in unserem Wortschatz bleiben. Doch leben wir heute immerhin in weit höherem Maße «global vernetzt» als je zuvor. Kaum jemand, der nicht Freunde, Bekannte oder Kollegen in anderen Ländern oder Kontinenten hat oder gar familiäre Verbindungen dorthin. Mit Englisch hat sich eine weltweit funktionierende Verständigungssprache durchgesetzt. Gar nicht zu reden davon, wie alltäglich Lebensmittel, Musikstücke oder Nachrichten aus aller Welt geworden sind.

Das geht auch denen nicht anders, die sich selbst als «Globalisierungsgegner» bezeichnen. Allein die Tatsache, dass auch sie sich global vernetzen und international abgestimmt handeln, zeigt, dass sie nicht gegen *Globalisierung* in dem oben genannten Sinn sind. Tatsächlich definieren Organisationen wie ATTAC diesen Begriff anders, nämlich als Entwicklung dahingehend, dass multinationale Konzerne die ganze Welt buchstäblich *in Besitz nehmen* und die Menschen gleich mit. Ihr Protest richtet sich also gegen Missstände und Ungerechtigkeiten, die sich in dem Prozess der zunehmenden weltweiten Vernetzung ergeben, und deren gibt es nicht wenige.

Die «Globalisierungsgegner» nehmen damit heute eine Rolle ein, die vor dreißig Jahren die Umweltschützer hatten: Sie machen auf einen noch nicht allgemein in seiner Bedeutung erkannten Problembereich aufmerksam. Und so wie heute Umweltschutz zur politischen Agenda aller Parteien gehört, als sei es nie anders gewesen, wird es, denke ich, in zehn Jahren mit Fragen internationaler Gerechtigkeit sein.

Die zwei Aspekte von Kultur

Ein Grundproblem der Globalisierung ist, dass dem, was wir als «Kultur» bezeichnen, eine Doppelnatur innewohnt.

Einerseits ist eine Kultur die Summe aller Lebenserfahrung einer Gruppe, eine Art und Weise der Lebensbewältigung. Das umfasst Kochrezepte ebenso wie Heilmethoden, den Umgang mit Zeit, Freunden oder dem anderen Geschlecht, die Erziehung von Kindern (das ganz besonders, da diese die Kultur ja weitertragen müssen) und natürlich auch das, was landläufig unter Kultur verstanden wird: Sprache und Schrift, Mythen, Legenden und andere Welterklärungen, Lieder, Tänze, Heldensagen und so weiter.

Auf dieser Ebene findet sowohl eine Konkurrenz der Kulturen statt als auch gegenseitige Bereicherung. Wir gehen «zum Mexikaner» essen, vertiefen uns bei Fragen der Wohnungseinrichtung in die Lehre des Feng Shui, versuchen einer chronischen Krankheit mit Ayurveda-Behandlungen beizukommen oder entwickeln ein Faible für afrikanische Popmusik – Bereicherung, wohin man schaut, in dem Sinne, dass wir *mehr* Wahlmöglichkeiten haben.

Doch zugleich findet Konkurrenz statt. Schon vor langer Zeit hat das überlegene indische Zahlensystem (das wir als «arabische Zahlen» kennen) das umständliche römische abgelöst. Heute lassen sich erste Anzeichen wahrnehmen, dass die abendländische Schreibweise in Einzelbuchstaben andere Schreibmethoden, namentlich die asiatischen, auf Ideogrammen basierenden Schriften, langfristig verdrängen könnte, aus dem einfachen Grund, dass diese sich nicht sonderlich für Tastaturen eignen. So beherrschen angeblich viele japanische Büroangestellte die Tastenkürzel besser als die eigentlichen Schriftzeichen, und manche Manager verwenden diese Kürzel selbst in handschriftlichen Notizen.

Solche Phänomene wiederum berühren den zweiten, nämlich den *identitätsstiftenden* Aspekt von Kultur. Was im Klartext bedeutet, dass Kultur *auch* dazu dient, eine Gruppe nach außen hin abzugrenzen.

Das ist beispielsweise der Sinn von auf den ersten Blick scheinbar sinnlosen Manierismen in Sprechweisen (man denke an Dialekte), der Art sich zu kleiden oder in den Umgangsformen: Ein Fremder, der nicht damit aufgewachsen ist, kann diese in der Regel nicht bis in die nötigen Feinheiten nachahmen und bleibt so als Fremder erkennbar. Man kann also, so man will, unter sich bleiben. (Auch verschiedene Gesellschaftsschichten grenzen sich mit diesem Verfahren voneinander ab.) Es ist dieser Aspekt von Kultur, der dafür verantwortlich ist, dass, obwohl wir Menschen genetisch weitgehend homogen sind, so *viele verschiedene* Kulturen existieren.

Verhaltensforscher erklären dies mit einer von jeher starken Bindung des einzelnen Menschen an eine Gemeinschaft, ohne die es früher in der Regel nicht möglich war zu überleben. Die klare Abgrenzung einer Gruppe scheint ein Instinkt aus Zeiten zu sein, da es nötig war, sich vor fremden Schmarotzern zu schützen, die von der Gruppe profitieren wollten, ohne einen eigenen Beitrag zu leisten. Zugleich schafft diese Abgrenzung natürlich Vorbehalte gegen alles Fremde, ja, sie *besteht* geradezu darin.

Ein alter Instinkt also, der inzwischen entbehrlich geworden ist, da uns einerseits für den Umgang mit Schmarotzern längst weitaus bessere Verhaltensweisen zu Gebote stehen und es andererseits heute viel wichtiger geworden ist, zu verhindern, dass aus Missverständnissen (oder auch wohlverstandenen Interessenkonflikten) zwischen Gruppen gewalttätige Auseinandersetzungen werden. Können wir diesen Instinkt loswerden? Nein. Aber wir können lernen, sinnvoll damit umzugehen, wie wir es mit so vielen Instinkten gemacht haben. Zivilisation ist im Kern nichts anderes als die Zähmung unserer Instinkte.

Befürchtungen, die Vielfalt der Kulturen könnte eines Tages gänzlich verloren gehen und die ganze Welt überall gleich aussehen, sind jedenfalls ziemlich sicher unbegründet. Kulturen reagieren zwar auf äußere Einflüsse und nehmen auch mal neue Elemente auf (wir kennen das auch von den Sprachen, die häufig Wörter aus anderen Sprachen adaptieren – wer weiß heute z.B. noch, dass «Nase» kein deutsches Wort ist?), sind aber im Kern dennoch äußerst widerstandsfähig. Zumindest die einigermaßen großen Kulturen müssen keine «Überfremdung» fürchten.

Politik der Zukunft

Die unterschiedlichen, eventuell kollidierenden Interessen verschiedener Gruppen irgendwie zu managen: Das ist es, was wir als Politik bezeichnen. Auch wenn Politiker zurzeit eher geringe öffentliche Wertschätzung genießen, wird man weiterhin Leute brauchen, die diesen Job erledigen – und sie werden auch in Zukunft ein reiches und weiterhin höchst dramatisches Betätigungsfeld vorfinden.

Tatsächlich dürften Politiker aller Art, wie sie schon in den Geschichten über die Vergangenheit tragende Rollen innehatten, auch in der Zukunft in vielen wichtigen Bereichen die Hauptakteure sein.

Die Bürgergesellschaft

Dass Politik auch weiterhin vorwiegend in Parlamenten und von Regierungen gemacht werden wird, muss nicht heißen, dass es in Zukunft nicht mehr Bürgerbeteiligung geben könnte. In den letzten Jahren sind die NGOs, die Nichtregierungsorganisationen, zu einem immer wichtiger werdenden Faktor in politischen Auseinandersetzungen geworden – das könnte sich noch ausweiten. In letzter Konsequenz könnten NGOs die traditionellen Parteien entbehrlich machen, die einander immer ähnlicher werden, während eine NGO für ein klares, eindeutiges Anliegen steht.

Ein beeindruckendes Beispiel von Bürgerbeteiligung liefert

auch die brasilianische Stadt Porto Allegre: Als die Stadt vor dem Bankrott stand, wurde der «Bürgerhaushalt» eingeführt. Seither entscheiden die 1,3 Millionen Stadtbewohner über 20 Prozent des Jahresetats selbst – sowohl darüber, wie hoch die zu zahlenden Abgaben sein, als auch darüber, wie sie verwendet werden sollen. Es zeigte sich, dass die Bürger besser als ihre Repräsentanten abschätzen konnten, welche Investitionen erforderlich sind: Während das Geld zuvor hauptsächlich in nutzlose Prestigeprojekte floss, hat heute endlich jeder Haushalt seinen Trinkwasseranschluss, und nebenbei sind sechzig neue Schulen entstanden. Investition in Wasserversorgung und Bildung – eine Entscheidung wie aus dem Lehrbuch, zustande gekommen auf sechzehn großen Stadtteilversammlungen. Aber es braucht wohl immer einen bevorstehenden Ruin, ehe solche Maßnahmen erwogen werden.

Ebenfalls aus der Not geboren sind Maßnahmen, die eine neue Entwicklung wirtschaftlicher *Regionalisierung* einleiten könnten, als Antwort auf Probleme, die durch Globalisierung der Kapitalmärkte entstehen. Als nach dem Staatsbankrott Argentiniens kein Geld mehr da war, fingen die Bürger wieder mit Tauschhandel an, nach dem Motto: «Hilfst du mir mein Dach reparieren, schneid ich dir die Haare.» Da reiner Tauschhandel auf die Dauer lästig ist, könnten daraus mit Quasigeld (Punkte, Gutschriften usw.) organisierte Tauschringe und schließlich regionale Zweitwährungen entstehen. Die Grundüberlegung ist, dass Arbeitslosigkeit ja brachliegendes Potenzial bedeutet: Zu tun gibt es immer genug, und wenn es nur deshalb nicht getan werden kann, weil kein *Geld* da ist, während auf der anderen Seite Leute ohne Beschäftigung sind – dann könnte Ersatzgeld eine Lösung sein.

Der *Club of Rome* sieht in einer Gesellschaft gut vernetzter und entschlossener Bürger sogar die kommende Weltmacht schlechthin. Nicht mehr von Regierungen seien nachhaltige Lösungen für die Probleme der Zukunft zu erwarten, sondern von den Bewegungen und Netzwerken der Bürgerorganisationen.

Ich muss zugeben: *Das* glaube ich erst, wenn ich es sehe. Da verwechselt meiner Meinung nach jemand «wünschenswert» mit «wahrscheinlich».

Die Zukunft der Demokratie

Aristoteles hat als die beiden wesentlichen Elemente der Demokratie die Freiheit und die Gleichheit genannt, weil sie es sind, die den Menschen erlauben, ihr Leben so zu führen, wie sie es möchten. Eine Definition, an der auch aus heutiger Sicht nichts auszusetzen ist.

Wie ist es um die Zukunft der Demokratie bestellt? Sie hat in den letzten Jahrzehnten beeindruckende Triumphe gefeiert. Diktaturen sind zerfallen, Zwangsregime gestürzt worden, Militärregime haben sich selbst aufgelöst und Machthaber sich dem Druck der Straße gebeugt. In Osteuropa, im Einflussbereich der ehemaligen Sowjetunion, in Lateinamerika, in der Türkei, im Iran, in Indonesien und so fort haben sich demokratische Wandlungen vollzogen, die man noch vor dreißig Jahren nicht für möglich gehalten hätte.

Der schon erwähnte Politikwissenschaftler Emmanuel Todd sieht den Grund dafür in der sich zurzeit vollendenden Alphabetisierung der Menschheit. Wer lesen und schreiben kann, beginnt, die Welt anders wahrzunehmen (wovon man sich leicht überzeugen kann, indem man einmal versucht, geschriebene Worte *nicht* zu lesen, sondern nur als geometrische Muster zu sehen – es ist praktisch unmöglich), und damit sind die Tage gezählt, da es möglich ist, so jemanden autoritär zu regieren. Wieder einmal haben wir es mit einer Frage gewandelten Bewusstseins zu tun. Man mag versuchen, solche Menschen mit Gewalt zu unterdrücken – tatsächlich hat man das fast das ganze 20. Jahrhundert hindurch getan –, doch die Kosten dafür sind so hoch, dass der betreffende Staat wirtschaftlich nicht mehr mithalten kann.

Das eröffnet eine geradezu atemberaubende Perspektive: Eines nicht einmal allzu fernen Tages könnte die ganze Menschheit in liberalen Demokratien leben, und da immer noch gilt, dass noch nie zwei Demokratien gegeneinander Krieg geführt haben, wäre das gleichbedeutend mit allgemeinem Weltfrieden.

Ich bin mir ziemlich sicher, dass es letzten Endes darauf hinauslaufen wird. Allerdings bin ich mir auch ziemlich sicher, dass der Eindruck trügt, das sei sozusagen in greifbarer Nähe. Auf dem Weg dahin wird die Entwicklung noch einige Haken schlagen, die jetzt noch kaum abzusehen sind.

So lässt sich beobachten, dass sich in den verschiedenen Kulturkreisen verschiedene Erscheinungsformen von Demokratie herausbilden. Was auch kein Wunder ist, berücksichtigt man die völlig unterschiedlichen geschichtlichen Erfahrungen, die zwangsläufig ihren Niederschlag in der jeweiligen Mentalität finden. Zudem gibt es immer noch – auffallend oft in Afrika – Regime, die nur *nominell* Demokratien sind: Nur weil in einem Land gewählt wird, heißt das bekanntlich noch lange nicht, dass es sich deshalb um eine Demokratie handelt.

Auch in den etablierten Demokratien lassen sich einige beunruhigende Entwicklungen ausmachen. So wurden in den USA, einer der ältesten Demokratien überhaupt, die Präsidentenwahlen im Jahr 2000 unter höchst dubiosen Umständen entschieden. Doch als hätte sich dabei nicht gezeigt, dass die konventionelle Wahlmethode, Kreuze auf Stimmzettel zu machen, unschlagbar zuverlässig ist, werden gegenwärtig nicht nur in den USA, sondern auch in Europa mit Hochdruck *Wahlcomputer* eingeführt, deren Funktionsweise ebenso undurchsichtig wie fragwürdig ist und die prinzipiell geeignet sind, die Manipulierbarkeit von Wahlergebnissen in nahezu beliebigem Maß zu erhöhen und alle Manipulationen zugleich wirksamer zu verschleiern, als das je zuvor möglich gewesen ist. Unverständlicherweise erhebt sich dagegen nicht der mindeste Protest, und ich fürchte, das ist der beunruhigendste Aspekt an der ganzen Angelegenheit: Er scheint mir ein Hinweis darauf zu sein, dass viele die Demokratie schon für so selbstverständlich halten, dass sie das Interesse an ihrer Erhaltung verloren haben. Eine solche Geisteshaltung könnte aber dazu führen, dass wir die Demokratie wieder verlieren.

Mit Sorge zu betrachten sind dabei weniger einzelne Politiker – nicht einmal die Galionsfiguren der extremen Rechten – als vielmehr die Entwicklung der Parteien in den westlichen Ländern, die zunehmend Tendenzen zeigen, zu einer heimlichen Oligarchie zu werden. Eine Oligarchie ist aber keine Demokratie mehr, auch wenn sie nach außen hin noch so aussehen sollte, sondern eben «die Herrschaft weniger». Der beruhigende Satz, wonach Demokratien einander nicht angreifen, würde an Beruhigung verlieren.

Wenn wir wissen wollen, wie die Geschichte der Zukunft weitergeht, sind wir gut beraten, den Gesundheitszustand der Demokratien im Auge zu behalten: Es ist eine Frage von Krieg und Frieden.

Kriege der Zukunft

Im Ersten Weltkrieg marschierten 66 Millionen Soldaten auf und fanden 15 Millionen den Tod – die Kriege, die heute Schlagzeilen machen, lassen sich damit schwerlich in einem Atemzug nennen. Allenfalls die großen afrikanischen Kriege der letzten zehn Jahre (von denen wir praktisch nichts in den Medien erfahren haben) mögen Schlächtereien vergleichbarer Dimensionen gewesen sein.

Was für Kriege, muss man leider immer noch fragen, wird uns die Zukunft bescheren?

In Mitteleuropa, einer Region, die jahrhundertelang Schauplatz der blutigsten Auseinandersetzungen der Geschichte war, sind Kriege heute im wahrsten Sinne des Wortes undenkbar: Würde heute beispielsweise jemand der Bundeswehr den Befehl erteilen,

Dänemark zu besetzen, wäre das einzige Resultat vermutlich, dass sich dieser Jemand kurz darauf einem verständnisvoll dreinblickenden Psychiater gegenübersähe. Obwohl die europäischen Nationen sich praktisch ständig über irgendwelchen durchaus ernsten Interessenskonflikten in den Haaren liegen, haben sich andere Verfahrensweisen, damit umzugehen, einigermaßen verlässlich etabliert: Noch nie waren wir dem uralten Menschheitstraum von wirklichem Frieden so nahe wie heute im mittleren Europa.

In Ost- und vor allem in Südosteuropa ist die Lage bei weitem noch nicht so stabil. Der Balkan dürfte noch auf Jahrzehnte oder gar Jahrhunderte hinaus Krisenherd bleiben, und die an Russland angrenzenden Staaten können sich angesichts der undurchsichtigen Entwicklung der militärisch immer noch potenten Großmacht auch nicht so recht entspannen.

Ein neuer Weltkrieg droht trotzdem nicht, soweit man im Moment sehen kann. Zwar gibt es amerikanische Ideologen, die das, was momentan als «Krieg gegen den Terror» läuft, als Weltkrieg bezeichnen, doch das ist nur eine schlimme Verkennung der Dimensionen. Zu einem großflächigen Krieg zwischen arabischen Staaten und dem Westen wird es vermutlich nicht einmal im schlimmsten Fall kommen; dazu sind Erstere militärisch bei weitem nicht stark genug. China und die UdSSR waren einst Rivalen um die ideologische Lufthoheit, doch seit dem Zerfall der Sowjetunion ist auch dieser Antagonismus Vergangenheit. Allenfalls wird China bisweilen als der künftige «große Gegner» der USA gesehen, doch bis dahin wird noch viel Wasser den Jangtse hinunterfließen. Zwar reden chinesische Militärs mit einer Selbstverständlichkeit über die Möglichkeit eines Krieges mit den USA, die westliche Diplomaten entsetzt, doch die chinesische Wirtschaft würde heute ohne den Absatzmarkt USA zusammenbrechen, und das wird auch noch lange so bleiben.

Die meisten Kriege finden heute nicht zwischen, sondern innerhalb von Ländern statt: Tschetschenien, Palästina, Somalia oder

Kolumbien sind Beispiele dafür. Es sind Partisanenkriege, Bürgerkriege, Kämpfe ethnischer Gruppen um Vorherrschaft und dergleichen. In vielen Fällen wirkt der schon erwähnte Teufelskreis von Krieg, der Not hervorruft, die wiederum Krieg gebiert, und so weiter. Mit militärischen Mitteln sind die zugrunde liegenden Konflikte praktisch auch nicht lösbar, was die Auseinandersetzungen bedrückend ausweglos wirken lässt. Allenfalls die Erschöpfung von Mensch und Material mag sie zum Erliegen bringen – doch erst ein *Umdenken* wird sie beenden. Das beeindruckendste Beispiel, was ein solches Umdenken bewirken kann, dürfte Südafrika sein, das auch vormacht, wie man den Prozess des Umdenkens fortentwickelt: Selten hat ein Land seine Vergangenheit so vernünftig aufgearbeitet wie Südafrika mit seinen «Wahrheitskommissionen».

Kriege wie der Irakkrieg der USA, der eigentlich eher eine militärische Aktion mit vorhersehbarem Ausgang war, sehen dagegen aus wie aus einer anderen Welt. Zum Einsatz kommen Waffen, die aus Science-Fiction-Filmen stammen könnten: Bomben, die nicht explodieren, wenn sie erkennen, dass sie ihr Ziel verfehlt haben; Flugzeuge, die unsichtbar für alle Radarstationen den halben Erdball nonstop umfliegen; Satellitenaufklärung, die einem beim Zeitunglesen über die Schulter schauen kann, und so weiter. Und die technische Entwicklung geht weiter: Das Ziel ist der Krieg ohne eigene Verluste, das Ideal der Krieg ohne Verluste unter der Zivilbevölkerung. Letzteres würde es erlauben, ohne hemmende moralische Skrupel jedwedes gegnerische Militärpotenzial jederzeit auszuschalten, und es damit ermöglichen, die erreichte eigene Vorherrschaft auf alle Zeit zu sichern.

Ein anderer Bestandteil dieser Strategie könnte, anbei bemerkt, sein, den Weltraum in verstärktem Maße militärisch zu nutzen. Wir könnten die Gründung der *U.S. Space Force* noch erleben.

USA: Weiterhin die Supermacht

Noch nie in der Geschichte existierte eine Supermacht, die militärisch so eindeutig überlegen war, wie die USA es heute sind. Dennoch hört man ständig Stimmen, die den demnächst bevorstehenden Abstieg oder gar Zusammenbruch der USA beschwören. Das *Imperium Americanum* sei «überdehnt», die Wirtschaft marode, die Verschuldung immens und so weiter. Leider kann man in solchen Auslassungen oft schwer zwischen Fakten und antiamerikanistischen Vorurteilen unterscheiden.

Ich vermute, dass die amerikanische Vorherrschaft auch im 21. Jahrhundert unangefochten bestehen bleiben wird, und zwar aus folgenden Gründen: Erstens wird die demographische Entwicklung der USA völlig anders verlaufen als die Europas oder Japans, zweitens scheint mir der Anspruch Amerikas, die Welt führen zu wollen, auf einen entsprechenden Bedarf zu stoßen. Wir sind eine Welt, die geführt werden *will.* Sollte sich diese geistige Haltung einmal ändern, wird vermutlich die Ära der Supermächte überhaupt enden – doch das ist noch lange nicht in Sicht.

Die demographische Prognose sieht derzeit so aus, dass die USA, während Europa in die Phase der Überalterung eintritt, weiterhin jung bleiben. Die Fruchtbarkeitsrate amerikanischer Frauen liegt stabil bei 2,1 Kindern, ist also bestandserhaltend, zusätzlich wandern jährlich 1 Million in der Mehrzahl junger, leistungsfähiger und tatkräftiger Menschen ein. Diese werden künftig hauptsächlich aus Südamerika und Asien kommen, mit der wahrscheinlichen Folge, dass die europäischen Wurzeln Amerikas weiter an Bedeutung verlieren – langfristig könnte dies dazu führen, dass die NATO zerbricht, mit gravierenden Folgen für die Sicherheitslage Europas. Spanisch wird zweite Verkehrssprache in den USA werden. Die Bevölkerung der USA wird auf über 400 Millionen anwachsen; die Probleme, die Europa mit seinen Arbeitsmärkten und Sozialsystemen haben wird, werden in den USA nicht entstehen, jedenfalls einstweilen. (Zumal in den USA ohnehin nur rudimentäre Sozialsysteme existieren.)

Für die Stellung der USA in der Welt spielt jedoch ihre militärische Stärke eine eher untergeordnete Rolle. Viel wichtiger ist die Tatsache, dass sich die ganze Welt auf Amerika hin orientiert. Wir sehen amerikanische Filme, lesen amerikanische Autoren, hören amerikanische Musik, und das tun wir alles völlig freiwillig. Die USA haben die besten Universitäten der Welt, amerikanische Wissenschaftler sind auf den meisten Gebieten führend und haben die Hälfte aller Nobelpreise zuerkannt bekommen, von einem Komitee, das traditionell neutral ist und dazu nicht gezwungen werden kann. Amerikanische Mode ist selbst in Ländern präsent, in denen die USA ansonsten nur «das Reich Satans» genannt werden. Der Dow Jones, die Stimmung an der Wall Street, der Kurs des Dollars bestimmen die Wirtschaft weltweit. Amerikanische Lebensart ist Maßstab und Vorbild bis in die letzten Winkel unseres Planeten.

Die Frage ist nicht, ob das wünschenswert ist: Es ist eine Tatsache und für unsere Geschichte über die Zukunft daher ein zu berücksichtigender Sachverhalt. Wieder einmal begegnen wir dem Phänomen, dass letztlich die Art und Weise unseres Denkens über die Zukunft entscheidet. Die Menschheit schaut auf die USA wie Mitschüler auf den *«Star»* einer Klasse, den Stärksten und Schönsten: in der Erwartung, dass er handelt, vorangeht, die Richtung weist. Es ist diese geistige Einstellung, auf der die Vormacht der USA in Wirklichkeit beruht.

Auch wenn die Weise, in der die USA handeln, vielen oft nicht gefällt, so handeln sie doch und übernehmen trotz der viel beklagten isolationistischen Tendenz der Amerikaner (die sich z.B. darin zeigt, dass Meldungen aus dem Ausland in amerikanischen Zeitungen meist nur Fußnotenumfang erreichen) in vielen Fragen von globaler Bedeutung die Initiative. Der weltweite Ausbau des Internets ist ein Beispiel, die Einrichtung des Zentrums für globale Seuchenkontrolle (CDC) ein anderes. Genau wie der *«Star»* der

Klasse sich für deren Belange zuständig fühlt, fühlen sich die USA für die Belange der Welt zuständig, wo alle anderen nur über «man müsste» und «man sollte» räsonieren oder gleich ganz wegsehen.

Deswegen geht die bisweilen hörbare Erwartung fehl, es möge doch eine andere Macht auftauchen, die «die Amis» in ihre Schranken weist. Abgesehen davon, dass die USA das Entstehen einer solchen Macht im Ansatz zu verhindern suchen werden, wäre es auch im besten Fall nur der Austausch einer Macht gegen eine andere; am Prinzip würde sich nichts ändern.

Die bessere Hoffnung ist die auf eine Emanzipation der Völker. Emanzipation braucht keine Konfrontation, dafür aber die Überwindung des Denkens in Kategorien von «Dafür» und «Dagegen», was ja nur Bewegung auf einer sehr schmalen Achse ist. Es ist Europa, das hier beispielhaft vorangehen könnte.

Doch Bemühungen um Emanzipation schlagen, vor allem zu Anfang, nur zu leicht in Opposition um: Es könnte mit einem Streit um einen der zahlreichen Interessengegensätze zwischen den USA und der EU beginnen, dessen Tonfall eskaliert, zu einem transatlantischen Zerwürfnis führt und schließlich zu einer Aufkündigung der NATO von amerikanischer Seite. Dies hätte gravierende Folgen für die Sicherheitslage Europas, aber auch für die gesamte Weltwirtschaft.

Ein Szenario, das man häufig liest, ist das einer Rezession in den USA von solchem Ausmaß, dass dadurch ein Rückzug aus deren globalem Engagement erzwungen würde. Mögliche Auslöser einer solchen Entwicklung könnten die hohe private Verschuldung der Amerikaner sein und die Tatsache, dass fast alle privaten Immobilien vielfach überbewertet sind. Dazu noch ein paar saftige Unternehmensskandale, und *flutsch*, ab in den Orkus.

Doch bisher hat die amerikanische Wirtschaft alle derartigen Prognosen immer wieder Lügen gestraft. Und selbst wenn es zu einer Rezession käme, würde sie notfalls mit ausländischer Hilfe aufgefangen, solange die Welt die USA als Führungsmacht *braucht*.

Die Zukunft Europas

Das 21. Jahrhundert wird in Europa wesentlich im Zeichen wachsender Einigung stehen und der damit einhergehenden Schwierigkeiten, Umstellungsprobleme und zeitweiligen Wehwehchen.

Eine Art «Bundesrepublik Europa» wird es vermutlich nie geben. Vorstellbar allerdings ist ein Europa, in dem die Nationen in den Hintergrund treten und die Regionen mit ihren jeweiligen Landsmannschaften größere Bedeutung erlangen. Denkbar wäre z. B. ein Baskenland, das zwar kein eigener Staat geworden ist, sondern das immer noch zum einen Teil zu Frankreich und zum anderen zu Spanien gehört, das aber eine Region darstellt, in der vorwiegend Baskisch gesprochen wird und in der die Grenze zwischen den Landesteilen de facto nicht existiert.

Die Europäische Union ist bereits heute die größte Wirtschaftsmacht der Erde. Dass sie aber jemals auch militärische Supermacht werden könnte, bleibt ziemlich sicher Träumerei. Selbst wenn die schon sprichwörtlichen inneren Streitigkeiten überwunden würden, spricht die demographische Entwicklung dagegen: Die europäischen Gesellschaften werden in naher Zukunft einfach nicht genug junge Menschen für den Militärdienst entbehren können, um mit den anderen großen Mächten mithalten zu können.

Ist das bedenklich? Nicht notwendigerweise. Abseits aller moralischen Überlegungen haben die Erfahrungen mit den Kriegen des letzten Jahrzehnts deutlich gezeigt, dass es nur wenige mit Waffengewalt tatsächlich erreichbare Ziele gibt. Wirklich unentbehrlich ist im Grunde nur die Fähigkeit der Territorialverteidigung. Bedenklich ist aber, dass die EU auf bewaffnete Auseinandersetzungen in ihrer unmittelbaren Nachbarschaft – Stichwort Jugoslawien – bisher nie überzeugend reagiert hat. Die Zukunft Europas mag zu einem guten Teil davon abhängen, dass hier bessere Verfahrensweisen gefunden werden. Eine wirkliche gemeinsame europäische Außen- und Sicherheitspolitik wird spätestens dann unerlässlich sein, wenn die Türkei Mitglied der EU werden sollte. Die Europäische Union würde dann nämlich an den Nahen Osten grenzen, der auch in Zukunft eine konfliktträchtige Region bleiben dürfte.

Die Türkei und Europa

Der mögliche Beitritt der Türkei zur Europäischen Union ist seit Jahren aus den verschiedensten Gründen heftig umstritten. Die Skepsis scheint sich für gewöhnlich auf den Umstand zu konzentrieren, dass in der Türkei die vorherrschende Religion der Islam ist, in den Staaten Europas dagegen das Christentum.

Das ist zweifellos ein heikler Punkt, aber vielleicht nicht wirklich der entscheidende. Immerhin leben bereits mehr Muslime in der heutigen EU als Holländer, und der Islam in der Türkei ist weitaus gemäßigter als der in Deutschland oder Frankreich. Doch es gibt in dieser Diskussion auch ein demographisches Argument – aber sollten die Verantwortlichen sich dessen bewusst sein, äußern sie sich jedenfalls nicht öffentlich dazu.

Tatsache ist, dass die Türkei ein verglichen mit der EU verhältnismäßig starkes Bevölkerungswachstum aufweist, und es ist nicht damit zu rechnen, dass sich dies so schnell ändert. Die Bevölkerung der Türkei betrug um das Jahr 2000 herum etwa 70 Millionen; damit hatte sich die Bevölkerung des Landes in vierzig Jahren mehr als verdoppelt. Mit jährlich 1,4 Millionen kamen in der Türkei mehr Kinder zur Welt als in elf der fünfzehn damaligen Mitgliedsstaaten der EU zusammengenommen.

Dabei ist die Geburtenrate in der Türkei nicht einmal sonderlich hoch – eine türkische Frau bekommt im Schnitt 2,95 Kinder, und auch dieser Wert ist im Sinken begriffen; man rechnet für die Zukunft mit einem Wert von 2,5, was nur minimal über dem für den bloßen Erhalt der Bevölkerungszahl notwendigen Wert von

2,1 Kindern pro Frau liegt. Aber in der übrigen EU liegt die Geburtenrate eben sehr niedrig.

Das heißt: Wird die Türkei Mitglied der EU, wird sie unweigerlich im Lauf der Zeit zur Führungsmacht Europas werden, allein aufgrund der Größe ihrer Bevölkerung und ihrer vergleichsweise jüngeren Altersstruktur. Sie muss dazu gar nichts Besonderes tun, die Rolle wird ihr aus der demographischen Entwicklung heraus von selbst zuwachsen.

Allerdings ist nach der Osterweiterung der EU 2004 ein Beitritt der Türkei aus ganz anderen Gründen unwahrscheinlicher denn je: Die neuen EU-Länder sind auf jeden Euro aus Brüssel angewiesen und werden sich dem Beitritt eines weiteren unterstützungsbedürftigen Landes nach Kräften widersetzen. Bis sich daran etwas ändert, dürfte sich die Türkei vermutlich anderweitig orientiert haben.

Russland und Europa

Höchst undurchsichtig ist, was in den Nachfolgestaaten der ehemaligen Sowjetunion geschieht, vor allem in Russland. Die Demokratie steht immer noch auf wackligen Beinen, die Wirtschaft nicht minder, die Pressefreiheit ist in ständiger Gefahr und die innere Sicherheit geradezu katastrophal: In keinem anderen Land der Welt mit Ausnahme Kolumbiens ist die Gewaltkriminalität so hoch wie im heutigen Russland. Bedenklich stimmt auch, dass die Selbstmordrate sogar noch höher liegt als die ohnehin schon albtraumhafte Mordrate. Beides zusammen führt dazu, dass die durchschnittliche Lebenserwartung in Russland kaum über sechzig Jahren liegt.

Darüber darf man nicht vergessen, dass Russland das einzige Land mit einer den USA vergleichbaren Atomstreitmacht ist. Russland hat auch als einziges Land auf dem Gebiet der Raumfahrt Erfolge vorzuweisen, die sich mit denen der USA messen können, und es war zum Zeitpunkt des Zusammenbruchs der Sowjetunion technisch führend, was die Erforschung der Tiefsee anbelangt.

Eigentlich müsste Russland nämlich, gemessen an seinen Bodenschätzen, Energieressourcen und seiner verfügbaren Landfläche, das reichste Land der Welt sein, und das mit weitem Abstand. Es ist das einzige Land, das *alles* hat und so viel davon, dass es bedenkenlos exportieren kann. Die Bevölkerung Russlands ist gebildet, ihre Begabung für Mathematik und Logik legendär, und Schach ist Nationalsport: Warum also sind die Leute so arm?

Die Gründe hierfür liegen in der Geschichte. Kurz gesagt haben sie nie in Verhältnissen gelebt, die es ihnen erlaubt hätten, ihr Potenzial zu entfalten, weder unter der Sowjetdiktatur noch unter den Zaren. Angesichts dessen wundert es auch nicht, dass Alkoholismus das größte soziale Problem ist und mittlerweile selbst eine der großen Ursachen für die Misere.

Im besten Fall wird Russland seine Schwierigkeiten im Laufe der Zeit überwinden und zu einem ruhenden Pol der Weltpolitik werden, einem Land voller Möglichkeiten. Zudem wird, sollte es zu einer globalen Erwärmung kommen, die russische Landwirtschaft davon voraussichtlich profitieren.

Im schlechtesten Fall kumulieren sich die Krisen, bis die Stimmung kippt und auch das demokratische System. Ein Machthaber, der die Politik verfolgt, das alte Sowjetreich wiederherzustellen, wäre die größte anzunehmende Katastrophe.

Die Vorstellung jedenfalls, Russland könnte jemals Mitglied der EU werden, ist reine Utopie. Ein Blick auf eine Weltkarte genügt, um das zu sehen.

Aids und Afrika

Aids ist nach wie vor eine Bedrohung, eingedämmt, aber nicht besiegt. Nach über zwanzig Jahren Forschung sind immer noch viele Fragen ungeklärt, sodass dieses medizinische Gebiet auch in Zukunft für Überraschungen gut sein wird.

Von den weltweit zwischen 35 und 40 Millionen HIV-Infizierten leben geschätzte 25 Millionen in Afrika südlich der Sahel-Zone. Diese Zahlen sind allerdings mit enormen Ungenauigkeiten behaftet. Auf keinen Fall darf man sich vorstellen, dass sie auf Aidstests beruhen, wie sie in den entwickelten Ländern in Gebrauch sind; dafür wäre überhaupt nicht das Geld da. Vielmehr ist in Afrika eine vereinfachte Krankheitsdefinition der WHO in Gebrauch, nach der jemand schon als aidskrank definiert werden kann, wenn er beispielsweise einen Monat lang Durchfall, dazu mehr als 10% Gewichtsverlust und generellen Juckreiz hat. Dies aber können auch Symptome anderer, in armen Ländern häufiger Krankheiten sein. Soweit überhaupt Aidstests durchgeführt werden, werden die Ergebnisse hochgerechnet; in manchen afrikanischen Ländern sehen die Meldescheine für Aids die Durchführung eines HIV-Antikörpertests als Diagnosebegründung überhaupt nicht vor.

Die nach wie vor häufigste Todesursache in Afrika ist die Malaria. Für deren Bekämpfung war schon immer zu wenig Geld da; nun, da aufgrund der alarmierenden Statistiken die Aidsbekämpfung in den Mittelpunkt rückt, geraten dieses und andere gesundheitliche Problemfelder noch weiter ins Hintertreffen.

Sollten die Aids-Statistiken annähernd stimmen, zeichnet sich natürlich ein enormes demographisches Problem ab. Hauptsächlich betroffen sind Menschen im «produktiven» Alter – sollte der Großteil davon wegsterben (was sich schon abzuzeichnen scheint), bleiben hauptsächlich Alte und Kinder übrig, mit gravierenden Folgen nicht nur für die ohnehin fragile Wirtschaft, sondern auch für den Fortbestand der verschiedenen Kulturen. Berücksichtigen muss man außerdem, dass natürlich auch die Streitkräfte betroffen sind und entsprechend geschwächt zu werden drohen. Da sie in manchen Ländern die hauptsächlichen Garanten der öffentlichen Ordnung sind, könnte es vermehrt zu Unruhen kommen.

Die größten Probleme Afrikas, Armut und schlechte Trinkwasserversorgung, dürften vor diesem Hintergrund auch in den kommenden Jahrzehnten weitgehend ungelöst bleiben.

Wann kommt die Weltregierung?

Nicht in absehbarer Zeit. Die UNO ist auch keineswegs, wie heute manchmal getan wird, eine Art Vorform einer Weltregierung, sondern immer noch das, was mit ihrer Gründung beabsichtigt war: ein ständiges Forum für das Gespräch der Nationen untereinander ohne wesentliche eigene Befugnisse.

Man muss sich vor Augen halten, dass ein repräsentatives Weltparlament mehrheitlich aus Asiaten und Nichtchristen bestünde. Bei unserer heutigen Art und Weise zu denken ist es außerhalb des Vorstellbaren, dass sich die 440 Millionen Europäer einer so zusammengesetzten Weltregierung unterordnen, ganz zu schweigen von den gerade mal 250 Millionen Amerikanern.

Das mag dereinst anders werden. Dann, denke ich, werden es unter anderem die im Zuge der europäischen Einigung gemachten Erfahrungen sein, die – in vermutlich sehr ferner Zukunft – als Richtschnur dienen bei der Entstehung einer wirklich so zu nennenden Weltregierung.

Terrorismus

Man kann davon ausgehen, dass die Auseinandersetzung mit dem islamistischen Terrorismus die kommenden Jahrzehnte prägen wird.

Terrorismus ist beileibe nichts Neues. Neu ist nur die Dimension, und neu sind die Mittel, die Terroristen heute zur Verfügung stehen. Dabei sind bislang nur Anschläge mit konventionellen Waffen verübt worden; die Zerstörung des *World Trade Center* wurde ja, wenn die Berichte stimmen, letztendlich mit Hilfe von Teppichmessern herbeigeführt. Was chemische, biologische oder nukleare Waffen in den Händen von Terroristen anzurichten vermögen, wagt man kaum, sich auszumalen.

Neu erscheint uns auch das Phänomen des Selbstmordattentäters. Westliche Medien interpretieren das gern als Ausdruck von Verzweiflung, besonders im Zusammenhang mit dem Palästina-Konflikt. Doch diese Deutung geht fehl. Sie übersieht die Tatsache, dass alle Selbstmordattentäter sehr *jung* sind: Nicht Verzweiflung motiviert sie, sondern eine für eine bestimmte Phase des Heranwachsens typische romantische Todessehnsucht. Die Kämpfer der Al Qaida dürften eher in der Nachfolge der *Assassinen* stehen, den Angehörigen jenes islamischen Geheimbundes, die gegen Ende des 11. Jahrhunderts in Persien und Syrien selbstmörderische Anschläge gegen Machthaber verübten, die ihrem Anführer ein Dorn im Auge waren.

Was Selbstmordattentäter so gefährlich macht, ist natürlich, dass sie durch Abschreckung praktisch nicht aufzuhalten sind. Die Vorstellung, es könnte gelingen, alle potenziellen Ziele terroristischer Anschläge wirksam zu schützen, ist illusorisch. Staatliche Stellen werden dennoch mit dem Argument «Sicherheit» versuchen, die Überwachung aller Bürger zu intensivieren.

Personalausweise mit biometrischen Daten, sprich einem digitalisierten Fingerabdruck, zu versehen bedeutet, dass der Staat eine Fingerabdruckkartei der gesamten Bevölkerung aufbaut. Schon heute können Mobiltelefone auf wenige Meter genau geortet werden, in wenigen Jahren könnte das auch für Autos gelten: Mautsysteme, die auf *On-Board-Units* beruhen, erstellen zu Abrechnungszwecken automatisch Bewegungsprotokolle aller betroffenen Fahrzeuge. Im öffentlichen Raum werden immer mehr Videokameras installiert; Software, die automatisch Gesichter erkennt, mit Fahndungslisten vergleicht und Personen verfolgt, ist bereits im Teststadium.

Die Bereitschaft, zu drastischen Maßnahmen zu greifen, um den Terrorismus zu bekämpfen, dürfte mit jedem Anschlag zunehmen. Der Geheimagent mit der Lizenz zu töten ist vermutlich bereits im Einsatz.

Unser zukünftiger Alltag

Welches Bild unseres zukünftigen Lebens setzt sich allmählich zusammen? Welche Umrisse unserer Geschichte zeichnen sich ab? Eine Zukunft in einer sich vermutlich erwärmenden Welt, in einem sich wandelnden Europa, das gleichwohl den Anbruch einer Kälteperiode befürchten muss, während die gesamte technische Zivilisation vor der Aufgabe steht, sich vom Öl als Hauptenergieträger zu lösen, und das beherrschende soziale Thema das sich ändernde Verhältnis zwischen Jung und Alt ist.

Fügen wir diesem Überblicksbild noch einige Details hinzu, die möglicherweise eine Rolle spielen werden.

Wie werden wir wohnen?

Wahrscheinlich in einer Stadt. Schon heute lebt die Hälfte aller Menschen in Städten, im Jahr 2025 werden es vermutlich zwei Drittel sein. Die größten Städte der Welt werden voraussichtlich Tokio mit geschätzten 29 Millionen Einwohnern im Jahr 2015 sein, Bombay mit 26 Millionen und die ehemalige Hauptstadt Nigerias, Lagos, mit 25 Millionen. Weitere Ballungsräume mit ähnlichen Einwohnerzahlen werden Mexico City, Shanghai und Kairo sein. Heutige Großstädte wie New York, London oder das Rhein-Ruhr-Gebiet werden an Einwohnerzahl abnehmen.

Dabei werden sich die Lebensbedingungen in den Städten weiterhin sehr unterschiedlich gestalten. Lagos gilt erfahrenen Afrikareisenden schon heute als Hauptstadt des Verbrechens und als «schrecklichste Stadt der Welt». Viele Großstädte in den Entwicklungsländern sind gekennzeichnet durch Slums ohne Strom, Kanalisation oder Müllabfuhr auf der einen und stark bewachte Ghettos für Reiche auf der anderen Seite. In vielen Städten existieren von Banden beherrschte «no go areas», in die sich kein Polizist mehr hineinwagt. Städte wie Tokio oder – erstaunlicherweise – Kairo dagegen gelten als sehr sichere Städte; Tokio weist wie alle japanischen Städte trotz seiner Größe eine vorbildlich funktionierende Infrastruktur auf.

Die Städte Mitteleuropas werden an Einwohnerzahl abnehmen, könnten aber an Lebensqualität zunehmen. Ähnlich wie sich auf politischer Ebene Regionen als Einheiten zu begreifen beginnen, könnten sich einzelne Stadtteile zu relativ eigenständigen Gemeinwesen entwickeln, die ihre Besonderheiten betonen. Man wird vermutlich noch mehr als heute nach ökologischen Gesichtspunkten bauen, vermehrt auch alte Gebäude anders nutzen, anstatt sie abzureißen. Wo man doch abreißt, wird man künftig öfter erwägen, auf der frei werdenden Fläche eine Grünfläche anzulegen – oder dort einfach innerstädtische Wildnis entstehen zu lassen.

Eine neue Wohnform könnte üblich werden: das Leben in abgeschlossenen, bewachten Siedlungen, die zugleich kommerziell betriebene Dienstleistungsunternehmen sind mit eigenen Sport-, Freizeit- und Bildungseinrichtungen, Kinderbetreuung, Einkaufsservice, einem Reinigungsdienst, der die Wohnungen putzt, während ihre Bewohner ihrem Job nachgehen, und dergleichen. Ursprünglich als «Reichen-Ghetto» in Großstädten mit hoher Kriminalität entstanden, könnte dieses – nicht ganz billige – Konzept mit anderen Schwerpunkten auch in Gegenden ohne Sicherheitsrisiken Fuß fassen, etwa als Siedlung nur für Eltern mit Kindern oder als Nachbarschaft älterer Singles.

Das zunehmende Angebot an superschnellen Bahn- und billigen

Flugverbindungen könnte dazu führen, dass noch mehr Menschen über noch größere Entfernungen zur Arbeit pendeln. Wochentags in Köln arbeiten, das Wochenende zu Hause in der Toskana verbringen könnte unter Gutverdienenden in den nächsten Jahren ein nicht ungewöhnliches Modell werden. (Das die Umstellungsprobleme des Ölausstiegs allerdings wieder in Frage stellen werden.) Gleichzeitig dürfte überall in Europa ein neuer Typ von Provinz entstehen: Gegenden, die nicht an die Hochgeschwindigkeitsverbindungen angekoppelt sind, werden besonders stark von Überalterung, Wegzug und lahmender Wirtschaft betroffen sein.

Das Familienleben der Zukunft

Zwar werden kinderreiche Eltern immer seltener, dafür gibt es immer mehr «elternreiche Kinder»: Die seit Jahrzehnten steigende Zahl von Scheidungen und die gesellschaftliche Akzeptanz unehelich geborener Kinder haben die «Patchwork-Familie» zur Norm werden lassen. Kinder wachsen in zunehmendem Maße mit Stiefelternteilen und Halbgeschwistern auf. Die Großfamilie wird abgelöst durch eine Art Clan mit jeweils höchst eigenwilliger Struktur. Da spielt es auch keine große Rolle mehr, ob durch neue Fortpflanzungsmethoden noch Leihmütter und dergleichen hinzukommen.

Zugleich dehnt sich die «gefühlte Kindheit» immer weiter aus. Richtig erwachsen fühlt man sich frühestens mit Mitte zwanzig. Dass jemand mit 18 Jahren heiratet und imstande ist, eine Familie zu ernähren, wird immer mehr zum Ausnahmefall.

Wie werden wir uns ernähren?

Die Gentechnik der Zukunft wird sich der Viehzucht widmen. Tiere mit mehr Muskelmasse und weniger Fett, Milchkühe mit Rekordeutern, Hühner, die schon ohne Federn zur Welt kommen – all das sind Projekte, an denen schon gearbeitet wird. Das Ideal ist das Filetsteak, das ohne Tier darum herum im Zuchttank heranwächst.

Ziemlich sicher wird es umstrittene Experimente mit «gesundheitsfördernden» Nahrungsmitteln geben: blutdrucksenkendes Brot, krebshemmendes Müsli, Fruchtsaft mit Immunprophylaxe und so weiter. Bestandteile natürlicher Lebensmittel, die als schädlich gelten, werden beseitigt – Kaffee ohne Säure, Weizen ohne die verdauungshemmenden Stoffe der Schale, Tabak gar ohne jene Stoffe, aus denen beim Abbrand Kanzerogene entstehen.

In Europa, das sich störrischer als der Rest der Welt dem Einsatz von genmanipulierten Lebensmitteln widersetzt, könnte sich eine Öko-Gegenbewegung etablieren. Was sich letztendlich durchsetzt, ist in hohem Maße eine Frage der Landwirtschaftspolitik. Dem, was staatlich gefördert wird, kann sich ein Landwirt kaum entgegenstellen.

Was auch immer an Nahrungsmitteln zur Verfügung stehen wird, wir werden es ziemlich sicher auch in naher Zukunft noch in Supermärkten einkaufen. Dort wird es aber möglicherweise keine Kassen mehr geben. Statt mit Barcodes könnten alle Waren künftig mit winzigen Chips versehen sein, die auf Funksignale reagieren – so genannte *Transponder* –, und es wird genügen, mit dem Einkaufswagen an einem Bezahlpunkt vorbeizufahren, der blitzschnell die zu bezahlende Summe ermittelt, und die Kreditkarte kurz durch den entsprechenden Schlitz zu ziehen. Für Stammkunden könnte auch das dereinst entfallen: Das System des Supermarktes identifiziert jeden angemeldeten Kunden, der den Laden betritt, und was immer er zur Tür hinausträgt, wird vollautomatisch von seinem Konto abgebucht.

Wie werden wir uns kleiden?

Die Mode der Zukunft vorhersagen zu wollen wäre natürlich närrisch. Sicher ist: Es wird sie weiter geben. Jedes Jahr aufs Neue werden wir uns fragen, was *das* jetzt wieder soll – und uns kurz danach daran gewöhnt haben.

Gespannt sein darf man auf die «intelligente Kleidung», die immer wieder prophezeit wird. Jackettärmel mit eingenähtem PC, T-Shirts, mit denen man telefonieren kann, und Unterhosen, deren Position per Satellit anpeilbar ist – die Phantasie kennt keine Grenzen. Was davon, wenn es denn kommt, praktikabel ist, kann erst die Praxis zeigen.

Ziemlich wahrscheinlich ist allerdings, dass eine Menge neuartiger Materialien Verwendung finden wird, die besonders leicht, besonders feuchtigkeitsabweisend, wasserdampfleitend, vor Strahlung schützend, wärmedämmend oder – was einmal ein wirklicher Fortschritt wäre – schmutzresistent sind.

Ein Gebiet, auf dem solche Neuentwicklungen besondere Bedeutung gewinnen könnten, ist der Pflegebereich. Medizinische Sensoren könnten in Stoffe eingewebt den Gesundheitszustand laufend überwachen, Positionsmelder in der Wäsche verhindern, dass verwirrte Personen abhanden kommen, und besonders saugfähige Materialien vor peinlichen Situationen bewahren.

Wie werden wir arbeiten?

Die Telearbeit, also das Arbeiten per Datenleitung von zu Hause (oder von sonst irgendwo in der Welt) aus, dürfte zwar in Zukunft als eine mögliche Arbeitsform etabliert sein, aber weiterhin nur in geringem Maße genutzt werden, und wenn, dann vorwiegend von Angestellten in besonderen Lebensumständen. Arbeitsstätten im bisher üblichen Sinn – Büros, Fabriken usw. – werden nicht aus der Mode kommen, dazu ist unser Bedürfnis, andere Menschen zu treffen, zu groß.

Obwohl seit Jahrzehnten davon geredet wird, die Hierarchie in Unternehmen abzubauen, und die *New Economy* einst behauptete, sie ganz abgeschafft zu haben, wird sie auch künftig das ordnende Prinzip bleiben, wo immer Menschen zusammenarbeiten – dazu hat sie einfach zu viele praktische Vorzüge, und darüber hinaus befriedigt sie ein Bedürfnis nach Ordnung, das tief in uns verwurzelt ist. Allen bunten Berichten in Lifestyle-Magazinen zum Trotz werden auch in Zukunft die meisten so arbeiten wollen wie ihre Eltern: mit fester Anstellung, eigenem Schreibtisch, geregelten Arbeitszeiten und klar definiertem Feierabend. Und trotz aller technischen Möglichkeiten – E-Mails, Datennetze, Videokonferenzen – werden Geschäftsreisen auch weiterhin Standard bleiben: Wir Menschen müssen unsere Partner einfach ab und zu «beschnuppern».

Auch der viel beschworene kommende Boom der Selbständigkeit ist in nächster Zukunft nicht zu erwarten. Der Prozentsatz der Selbständigen bleibt seit Jahrzehnten relativ konstant, lediglich die Zahl der Publikationen zu diesem Thema schwankt wild.

Wie verändert sich das Verhältnis der Berufe zueinander? Kurz gesagt, sind alle «Knochenjobs» rückläufig. Bergbau, Stahlkocher, Lagerarbeiter, Landwirte – das wird alles natürlich nicht verschwinden, aber die Zahl derer, die in diesen Berufen arbeiten, wird wohl weiter abnehmen. Zulegen werden dagegen Berufe, in denen maschinelle Unterstützung nur eine Nebenrolle spielt: Dienstleistungen im weitesten Sinne vor allem, Informationsverarbeitung und «Wissensarbeit».

Auch ganz neue Berufe werden entstehen. Die Wiederherstellung ökologischer Systeme zum Beispiel könnte künftig eine eigene Branche sein. Vergiftete Böden entsorgen, ehemalige Müllkippen zu Wäldern aufforsten, Feuchtgebiete wiederherstellen oder Flusssysteme neu beleben – Aufgaben, die hohes Fachwissen erfordern, die sich allerdings nur eine wohlhabende Gesellschaft leisten kann.

In Fabriken werden vermutlich noch mehr Roboter als bisher anzutreffen sein, Fließbandarbeit von Menschen dagegen auf lange Sicht praktisch ganz verschwinden. Wo Menschen für manuelle Arbeiten in der Produktion unabdingbar bleiben, werden sich Formen von Gruppenarbeit durchsetzen.

Vermutlich lange bevor die erste Anhebung des Renteneintrittsalters in Kraft tritt, werden Menschen anfangen, länger zu arbeiten, als sie müssten. Die einen, weil ihnen die Pensionsbezüge zu niedrig sind, die anderen, weil sie in ihrer Arbeit Erfüllung finden und keine Lust aufs «Nichtstun» haben. Oder weil sie länger leben wollen: Auffallend viele Menschen, die ein sehr hohes Alter erreichten, waren weitaus länger als bis 65 arbeitstätig. Das Gefühl, gebraucht zu werden und noch nützlich zu sein, scheint das Sterberisiko deutlich zu senken.

Zudem entdecken heute schon die ersten Firmen, dass ältere Mitarbeiter, eingeübt und erfahren, zu wertvoll sind, um sie einfach ziehen zu lassen. Dabei geht es nicht darum, ob ältere Mitarbeiter besser oder schlechter seien als jüngere: Bei Älteren sind *andere* Fähigkeiten stärker ausgeprägt, die sich mit denen der Jüngeren gut ergänzen. (Der freiwillige Einsatz pensionierter Unternehmer als *Senior Berater* für die Entwicklungshilfe in der Dritten Welt ist schon seit Jahren gang und gäbe.)

Ausgerechnet die Computerbranche war schon mehrmals auf das Know-how der Älteren angewiesen: Als die Versichertendaten der DDR, die auf alten Magnetbändern gespeichert waren, mit deren Format sich niemand mehr auskannte, auf Computer der Bundesversicherungsanstalt übertragen werden mussten, holte man die alten Programmierer aus dem Ruhestand zurück. Genauso, als jahrzehntealte Software Jahr-2000-fest gemacht werden musste.

Diejenigen, die jetzt in die Schule kommen, werden, wenn sie ihre Ausbildung abgeschlossen haben, vielleicht nur noch staunen, wenn man ihnen von Bewerbungen auf Papier erzählt, von wattierten Umschlägen, Schnellheftern und Passfotos. Unternehmen werden immer mehr dazu übergehen, ihre Stellen im Internet auszuschreiben, und man wird sich online bewerben. Diese Bewerbungen werden von einer speziellen Software vorsortiert, zu der es bald darauf entsprechende Programme für Arbeitssuchende geben wird, die massenweise Websites und Online-Stellenbörsen scannt und automatisch Bewerbungen verschickt, die so formuliert sind, dass sie die entsprechenden Filter passieren.

Besonders hoch qualifizierte Kräfte werden es auch andersherum machen: Sie werden sich über einen Internetauftritt vorstellen und ihre Arbeitskraft unter den sich bewerbenden Unternehmen «versteigern».

Ach ja, und was werden das für Unternehmen sein? Wird, was im Zeichen der Globalisierung kurz vor der Jahrtausendwende als «Mergermania» begann, das fortwährende gegenseitige Aufkaufen, Übernehmen und Fusionieren von Konzernen, dazu führen, dass irgendwann ohnehin nur noch ein Riesenkonzern übrig ist, eine *Whole World Inc.*?

Eher nicht. Schon heute erweisen sich viele der mehr oder weniger schnell geschmiedeten multinationalen Konzerne als kaum zu beherrschen. Die Erwartungen, die man an die Fusionen hatte, haben sich praktisch in keinem Fall erfüllt. Schon ist wieder die Rede von den Vorteilen kleiner, schlanker, wendiger Firmen …

Wie sagte ein New Yorker Unternehmensberater? «Was wir heute fusionieren, trennen wir morgen wieder.» Das Spiel geht also weiter. Weil es das ist, was die «Macher» so fasziniert.

Unvorhersehbares

Als wäre die Aufgabe, aus all den sich andeutenden Entwicklungen die wahrscheinlichsten Umrisse der Zukunft herauszulesen, nicht schon schwierig genug, kommt hinzu, dass jederzeit etwas passieren kann, das alle Erwartungen über den Haufen wirft: Erfindungen, Entdeckungen, Entscheidungen oder Katastrophen von so weitreichender Wirkung, dass man alle Trendprognosen vergessen kann.

Wir wollen ein paar mehr oder weniger vorstellbare Ereignisse aus dieser Kategorie durchdenken und uns fragen, wie wahrscheinlich sie sind und welche Folgen sie hätten. Auch wenn manche Dinge *sehr* unwahrscheinlich sind: Die Zukunft hat eine ausgesprochene Vorliebe dafür, uns zu überraschen, und für Ereignisse, die nur einmal auftreten, spielt die Wahrscheinlichkeit keine Rolle. Wie wahrscheinlich ist es, im Lotto zu gewinnen? Wie wahrscheinlich war es, dass ein Kernkraftwerk in Flammen aufgeht? Im Rahmen unserer Entwicklung einer Geschichte der Zukunft sind wir gut beraten, uns auch mit eher unmöglichen Möglichkeiten zu befassen, und sei es nur, um unser Vorstellungsvermögen trainiert zu halten.

Drastische Lebensverlängerung

Lange Zeit war die Medizin der Ansicht, dass ein Mensch grundsätzlich nicht älter werden könne als 114 Jahre. Selbst bei optimaler Gesundheit sei das, glaubte man, die maximale Haltbarkeit eines menschlichen Organismus. Berichte über höhere Lebensalter wurden, da sie aus Gebieten mit unzuverlässiger Bürokratie und unzulänglichen Geburtsregistern stammten, ins Reich der Sage verwiesen.

Dann geschah es, dass im Jahre 1977 die Französin Jeanne Calment erst im Alter von 122 Jahren starb. Als kleines Mädchen hatte sie Vincent van Gogh einmal Farbstifte verkauft. An ihrem Alter war nichts zu rütteln – und auf einmal war alles wieder offen. Wir wissen nicht, wie alt ein Mensch maximal werden kann. Vielleicht gibt es so etwas wie ein höchstmögliches Alter überhaupt nicht.

Man muss hierzu bedenken, dass der Tod nichts ist, das notwendigerweise von selber geschieht. Bei Maschinen ja, da ist der Zerfall zwangsläufig – aber nicht bei Organismen. Ein Organismus kann theoretisch leben, bis er durch Gewalteinwirkung zerstört wird: Einzeller etwa tun genau das. Das, was sich da in manchen Pfützen und Tümpeln als grünlicher Schleim sammelt und unter dem Schulmikroskop so interessant aussieht, sind Lebewesen, die so alt sind wie das Leben selbst – Milliarden von Jahren. Einzeller sterben nicht, sie teilen sich immer nur.

Höhere Organismen, unter anderem auch wir Menschen, haben ein eingebautes Programm, das die Zellen altern lässt. Im Hinblick auf die Evolution ist es offenbar von Vorteil, die Individuen sterben zu lassen, um Platz zu schaffen für nachkommende Generationen.

Aber angenommen, es gelänge, dieses eingebaute Programm zu stoppen? Es wäre nicht das erste Mal, dass ein Menschheitstraum in Erfüllung ginge – aber dieser hätte das Zeug zum Albtraum.

Was im Einzelnen geschähe, hinge von den Details ab: Wäre die Unsterblichkeit für alle erreichbar oder nur für wenige? Ist die Behandlung aufwendig, oder wird sie einfach nur teuer verkauft? Mit welchen Risiken wäre sie verbunden, mit welchem Verzicht erkauft? Auf alle Fälle wären die Folgen enorm, alle demographischen Prognosen Makulatur, die gesamte Kultur auf den Prüfstand gestellt.

Große Erdbeben in Kalifornien oder Tokio

Quer durch Kalifornien, teilweise mitten durch Städte und Gebäude hindurch, verläuft eine Spannungszone, der so genannte *Sankt-Andreas-Graben.* Zwei sich gegeneinander bewegende Kontinentalplatten sind hier ineinander verhakt und stauen Energie an, die sich immer wieder in Erdbeben entlädt. Dass hier irgendwann wieder einmal ein wirklich großes Erdbeben kommen wird, ist sehr wahrscheinlich – man nennt es schon *The Big One* und geht davon aus, dass es umso stärker wird, je später es kommt.

Abgesehen davon, dass eine Katastrophe immer schrecklich für die Betroffenen ist: Welche Auswirkungen hätte dieses Ereignis für den Rest der Welt?

Eher keine. Kalifornien ist, anders als man das glauben mag, kein wesentliches Wirtschaftszentrum. Die wichtigen Produktionsstätten der hier beheimateten Computerfirmen liegen anderswo, und Filmstudios sind schnell wieder aufgebaut. Dem Mythos «Hollywood» wird ein Erdbeben nichts anhaben können.

Anders Japan. Die japanischen Inseln sind ebenfalls hochgradig erdbebengefährdete Gebiete, und ein großes Beben, das weite Teile von Tokio zerstört, hätte nach Einschätzung vieler Fachleute weitaus ernstere Auswirkungen. Japan hat viel Geld im Ausland investiert: Dieses Kapital würde im Notfall schnellstmöglich für den Wiederaufbau zurückgeholt werden und natürlich anderswo fehlen. Eine ernsthafte Krise der Weltwirtschaft könnte die Folge sein.

Einsatz von Atomwaffen in einem lokalen Konflikt

Heutzutage verfügen über Nuklearwaffen: USA, Russland, England, Frankreich, China, Indien, Pakistan und Israel. Trotz aller Bemühungen, es bei diesem Zustand zu belassen, könnten sich in den kommenden Jahren auch Nordkorea, Südafrika, Ägypten oder der Iran in den Besitz von Atomwaffen bringen. Wenn dies geschieht, würden weitere folgen, denn dadurch würden sich weitere Staaten bedroht fühlen – und heutzutage kann fast jeder Staat Atombomben bauen, wenn er es darauf anlegt.

Die «alten» Atommächte haben gelernt, damit umzugehen – haben «Selbstbeherrschung gelernt», wie der US-Diplomat George Kennan es einmal formulierte –, doch wird dies auch auf «junge» Atommächte zutreffen, in politisch krisenreichen Regionen zumal? Es gibt nicht wenige Militärexperten, die davon ausgehen, dass eines Tages Pakistan seine Atombomben tatsächlich einsetzen könnte, um sich gegen das militärisch weit überlegene Indien zur Wehr zu setzen. Es wäre ein Dammbruch.

Einen Dammbruch anderer Art streben die USA an, indem sie Forschungen vorantreiben, die die Entwicklung so genannter *mini-nukes* zum Ziel haben: Atombomben, die so klein sind und deren *fall-out* so reduziert sein soll, dass sie wie normale Waffen im Gefecht eingesetzt werden können, beispielsweise um auf andere Weise nicht angreifbare Bunker zu zerstören. Selbst wenn dies praktikabel sein sollte, wäre ihr Einsatz formal eine Verletzung des Atomwaffensperrvertrags und könnte einen neuen nuklearen Rüstungswettlauf auslösen.

Ausbruch einer globalen Seuche

Mikroben haben mehr Menschen getötet als alle Kriege, Erdbeben und Massaker zusammengenommen. Mikroben haben Weltreiche zerstört. Mikroben sind die letzte, unbesiegbare Gefahr für uns Menschen – unbesiegbar, weil ihre Evolution millionenmal schneller abläuft, als unsere es je tat, und sie sich atemberaubend schnell an veränderte Umweltbedingungen anzupassen vermögen.

Viele Faktoren begünstigen heutzutage das Auftreten von Epidemien und deren weltweite Ausbreitung als *Pandemie*: erstens der desolate Zustand der Gesundheitssysteme in vielen Regionen. Zweitens die beispiellose Mobilität der Menschen – neue Seuchen wie SARS drangen blitzschnell entlang den Fluglinien vor, der erste Tote starb auf einem anderen Kontinent als dem, auf dem er sich infiziert hatte. Drittens die zunehmende Resistenz bakterieller Krankheitserreger gegen Antibiotika, die längst ein ernstes Problem darstellt, für das keine grundsätzliche Lösung in Sicht ist. Sollten aber die Antibiotika versagen, könnten alle alten Seuchen zurückkehren, die unserem Gefühl nach schon fast im Reich der Sagen verschwunden waren – Cholera, Tuberkulose, die Pest gar könnten wieder wüten.

Schon immer dramatischer war die Lage an der Viren-Front. Nach wie vor gibt es außer Impfungen kaum wirksame Mittel gegen Viren. Allein das Grippevirus hat mehr Menschen das Leben gekostet als beide Weltkriege zusammen. Und in den letzten Jahren sind immer wieder neue Viren aufgetaucht. Bislang konnten sie stets innerhalb kurzer Zeit eingedämmt werden – aber was, wenn das einmal nicht gelingen sollte? Die Folgen einer Pandemie könnten verheerend, das Antlitz der menschlichen Zivilisation buchstäblich hinterher ein anderes sein.

Nicht zu vergessen die Möglichkeit, dass Terroristen oder Sektierer eine Pandemie vorsätzlich auslösen. In den Labors der japanischen Weltuntergangssekte *Aum Shin Rikyo* war mit Milzbrand und Botulinustoxin experimentiert worden, und man hatte versucht, sich das *Ebola*-Virus zu besorgen, um es zu einer Biowaffe weiterzuentwickeln. Würden bei einem Terroranschlag weltweit Pockenviren freigesetzt, müsste man, da seit 1977 nicht mehr dagegen geimpft wird, mit bis zu zwei *Milliarden* Toten rechnen.

Einschlag eines Asteroiden auf der Erde

Am 7. Januar 2002 schoss der Asteroid 2001 YB5 in doppelter Mondentfernung an der Erde vorbei, und anders als in Filmen wie *Deep Impact*, wo derlei Bedrohungen schon Monate im Voraus entdeckt werden, war man auf diesen Koloss erst ganze *zwölf* Tage zuvor aufmerksam geworden. Doppelte Mondentfernung klingt beruhigend, aber nur, weil wir nicht gewohnt sind, in interplanetaren Dimensionen zu denken: Würde man das Sonnensystem im Maßstab 1:1 Milliarde verkleinern, wäre es immer noch so groß wie die Grundfläche einer deutschen Großstadt – der Mond aber nur noch kaum *vierzig Zentimeter* weit von der Erde entfernt!

Kleine Meteoriten treffen die Erde täglich, doch sie verglühen meist schon hoch oben in der Atmosphäre. Je größer ein solcher kosmischer Steinbrocken ist, desto tiefer gelangt er; ist er groß genug, erreicht er auch den Erdboden und sorgt dann für Meldungen über durchschlagene Hausdächer, demolierte Autos oder erschrockene Viehherden: Menschen sind durch Meteoriten bislang so gut wie nie ernsthaft zu Schaden gekommen.

Je größer ein Asteroid, desto gefährlicher, aber desto seltener ist er glücklicherweise auch. Ungefähr einmal in 1000 Jahren, schätzt man, schlägt ein mehr als 100 m durchmessender Asteroid auf der Erde ein. Das ist dann kein Spaß mehr: Der Aufprall würde in kilometerweitem Umkreis alles zerstören. (Die Wahrscheinlichkeit spricht allerdings dafür, dass ein solcher Brocken im Ozean einschlägt und nur heftige Wellen verursacht.)

Der Einschlag eines wirklich großen Asteroiden – von mehreren Kilometern Durchmesser – wäre eine der größten vorstellbaren Katastrophen. Zwar ist nur einmal in mehreren Millionen Jahren damit zu rechnen, doch immerhin darf man nach heutigem Kenntnisstand davon ausgehen, dass es der Einschlag eines etwa zehn Kilometer großen Asteroiden vor rund 65 Millionen Jahren war, der die Epoche der Dinosaurier beendete. Der Gigant kam dort nieder, wo heute der Golf von Mexiko ist, schuf durch seinen Aufprall Mittelamerika (wodurch, anbei bemerkt, der Golfstrom entstehen konnte und damit das warme Europa, das wir kennen) und verdunkelte den Himmel auf Monate hinaus durch den Staub seiner Explosion und den Rauch allumfassender Brände, was zum Absterben eines Großteils der kreidezeitlichen Flora geführt haben dürfte und in der Folge dazu, dass die Saurier verhungerten.

Schon ein wesentlich kleinerer Asteroid – er bräuchte keinen größeren Durchmesser zu haben als etwa einen Kilometer; einmal in 300 000 Jahren trifft ein solcher Brocken die Erde – hätte katastrophale Folgen. Angenommen, er schlüge im Atlantik ein: Eine fünfzig Meter hohe Flutwelle würde über Europa und den Osten der USA hinwegfegen, Länder wie Portugal oder die Niederlande und Städte wie New York und Washington von der Landkarte tilgen und Hunderte von Millionen Menschen töten. In den betroffenen Gebieten würde man jahrelang ums bloße Überleben kämpfen, ein Ungleichgewicht, von dem die Gebiete auf der der Katastrophe abgewandten Seite des Globus profitieren würden. Es käme zu ganz neuen Machtkonstellationen.

Mit den heute zur Verfügung stehenden Mitteln wäre ein solches Ereignis nicht zu verhindern – es wäre schon schwer genug, es rechtzeitig vorherzusagen, denn anders als man vielleicht denkt, existiert noch keine Institution, die den Himmel kontinuierlich und lückenlos auf sich nähernde Asteroiden absucht.

Doch natürlich könnte man ein solches Frühwarnsystem schaffen. Sollte ein großer Asteroid entdeckt werden, der auf die Erde zuhält, könnte man ihn, eine etwas weiter entwickelte Raumfahrt vorausgesetzt, durch das Auslösen gezielter Explosionen auf seiner Oberfläche vom Kurs abbringen – was umso einfacher wäre, je früher man ihn aufspürt.

Eine außerirdische Zivilisation wird entdeckt

Im Prinzip kann es jeden Tag geschehen. Zahllose Radioteleskope horchen den Himmel ab, es gibt Programme wie SETI (das inzwischen eigentlich *Project Phoenix* heißt), die nach nichts anderem suchen als nach Signalen einer fremden, einer anderen, einer nichtmenschlichen Zivilisation. Eines Tages könnte es so weit sein. Eines Tages könnten alle Zweifel enden.

In der sanftesten Version würde ein Impulsmuster aufgefangen, das mit an Sicherheit grenzender Wahrscheinlichkeit nicht natürlichen, sondern technischen Ursprungs ist und damit ein einigermaßen unbezweifelbarer Hinweis auf eine andere technische Kultur – wir belauschten sozusagen ein Gespräch in einer unbekannten Sprache. In der Folge käme es zu intensiven öffentlichen Diskussionen, was das für uns bedeutet. Die Religionen wären herausgefordert, zu erklären, was dieser Kontakt über die Stellung des Menschen in der Schöpfung zu besagen hat (worauf man ohne Zweifel Antworten finden würde). Die Wissenschaft wäre herausgefordert, mehr über die neu entdeckten Nachbarn in Erfahrung zu bringen. Militärs würden wissen wollen, ob nun Gefahr aus dem All droht. Die Raumfahrt würde zu neuer Blüte kommen, allerdings bald in den Bau einer Weltraumstreitmacht münden. Trotzdem könnte die Menschheit vielleicht auf lange Sicht das Interesse an ihren vielen Scharmützeln und lokalen Gewalttätigkeiten verlieren.

Und die ganze Zeit würden Verschwörungstheorien blühen, die steif und fest behaupten, das «Alien-Signal» sei von einem kleinen Kreis Eingeweihter vorgetäuscht worden. In einer Welt, in der Millionen Amerikaner an der Echtheit der Mondlandung zweifeln und es sogar Leute gibt, die die Erde im Ernst für eine Scheibe und die Aufnahmen des Planeten aus dem All für Fototricks halten, kann das nicht ausbleiben.

Die heftigste Version des Kontaktes wäre freilich die aus Science-Fiction-Filmen sattsam bekannte: Aliens kommen mit Raumschiffen und landen auf der Erde. In dieser Situation könnte buchstäblich alles geschehen, und jeder Versuch, über einen solchen Zeitpunkt hinaus Voraussagen anzustellen, wäre ein hoffnungsloses Unterfangen.

Etwas anderes, völlig Unvorhergesehenes passiert

Was das sein kann? Keine Ahnung. Deswegen ist es ja unvorhersehbar.

Wir müssen uns bei allen Blicken in die Zukunft stets dessen bewusst bleiben, dass wir immer nur *raten*. Sicher *wissen* können wir es nicht, und gerade wenn wir glauben, dass wir es doch tun – irren wir höchstwahrscheinlich.

Kippmomente

Die aus der Sicht eines Geschichtenerzählers interessantesten Augenblicke sind die, wie ich sie nennen möchte, «Kippmomente» – Augenblicke, in denen eine Entwicklung auf Messers Schneide steht und es vielleicht in die Hände eines einzelnen Menschen gelegt ist, sie in die eine oder die andere Richtung zu dirigieren und damit das Schicksal von Millionen zu beeinflussen.

Es gibt keine Garantie dafür, dass man nicht irgendwann in seinem Leben selber in eine solche Situation gerät. Gut, wenn man dann zumindest eine Vorstellung davon hat, worum es gehen könnte, und imstande ist, über den Moment hinauszudenken und seine Entscheidung in größeren Zusammenhängen zu sehen.

Der DDR-Grenzbeamte, der den Dritten Weltkrieg verhinderte

Am 9. November 1989 fiel die Mauer zwischen West- und Ostdeutschland – aufgrund eines falsch interpretierten Erlasses, wie sich später herausstellte. Massenweise stürmten die Menschen zu den Grenzposten.

In einem Fernsehinterview viele Jahre später sagte Egon Krenz, als Nachfolger des auf allgemeinen Druck zurückgetretenen Erich Honecker an jenem Tag Staatsratsvorsitzender der DDR, an diesem Abend hätte genauso gut der Dritte Weltkrieg ausbrechen können. Wenn einer der Grenzbeamten, anstatt beiseite zu treten, zur Waffe gegriffen hätte, hätte alles einen katastrophal anderen Verlauf nehmen können. «Es stand damals auf Messers Schneide.»

Ob das wirklich stimmt, werden wir vielleicht nie erfahren. Doch wir wissen heute, dass das «Gleichgewicht des Schreckens» mehrmals kurz davor stand zu kippen und dass die Kuba-Krise noch nicht einmal die gefährlichste derartige Situation war – nur die bekannteste.

Im November 1983 fand in Europa eine NATO-Übung mit der Bezeichnung «Able Archer» statt. Dabei bemerkten amerikanische und britische Horchposten, dass die Intensität des militärischen Funkverkehrs im Ostblock enorm zunahm, weit über das Maß hinaus, das ein Manöver üblicherweise auf der anderen Seite auslöste. Erst Jahre später, nach Ende des Kalten Krieges, sollte bekannt werden, was los gewesen war: Es waren ernst gemeinte Warnungen vor einem unmittelbar bevorstehenden nuklearen Angriff des westlichen Bündnisses gewesen, aufgrund deren in allen Ländern des Ostblocks höchste Alarmbereitschaft hergestellt worden war.

In den frühen achtziger Jahren war KGB-Chef Wladimir Krjutschkow zu der Überzeugung gelangt, die Amerikaner hätten vor, einen Erstschlag mit ihren Pershing-II-Raketen zu führen. Die besten Nachrichtendienstler wurden losgeschickt, um nach Kriegsvorbereitungen Ausschau zu halten, und die NATO-Übung erweckte den Verdacht, nur Tarnung für einen Angriff zu sein.

Tatsächlich waren die Ängste unbegründet; die Pershings waren zum Zeitpunkt der «Able Archer»-Übung überhaupt noch nicht stationiert. Doch irgendwo schwebte damals eine Hand über dem roten Knopf. Hätte sie zugedrückt, wäre es das Ende Europas gewesen.

Der Meteorologe, der das Schicksal Europas entschied

Operation «Overlord», die Landung der alliierten Streitkräfte in der Normandie und aus heutiger Sicht der entscheidende Wendepunkt im Kampf um Europa, war zunächst für den 5. Juni 1944 geplant gewesen. Doch wenige Tage zuvor verschlechterte sich die Wetterlage, der Himmel zog zu, starker Wind kam auf, und es regnete schließlich ohne Unterlass – Bedingungen, die einen Angriff unmöglich machen würden. Am 4. Juni beschloss der amerikanische Oberbefehlshaber Eisenhower, das Unternehmen um einen Tag aufzuschieben. Jede weitere Verzögerung war kritisch: Man brauchte eine bestimmte Kombination von Mondlicht, Ebbe und Wetter, und die über einjährigen Vorbereitungen hatten darauf gesetzt, all das um den 5. Juni herum anzutreffen. In dieser späten Phase des Vorhabens gefährdete außerdem jeder Tag Verzögerung dessen unbedingte Geheimhaltung.

In den frühen Morgenstunden des 5. Juni legte der Meteorologe Hauptmann J. M. Stagg wie an jedem Morgen des vorangegangenen Monats dem Oberkommando seine Wetterprognose dar. Draußen goss es in Strömen, doch der achtundzwanzigjährige Schotte wagte die kühne Prognose, der Sturm werde sich im Lauf des Tages legen, der Regen über Nacht aufhören, und ab Dienstag, dem 6. Juni, werde das Wetter für anderthalb Tage annehmbar sein. Daraufhin entschied Eisenhower, das Unternehmen anrollen zu lassen und am 6. Juni zu landen.

Andere Meteorologen der amerikanischen oder britischen Marine waren anderer Meinung. Doch wie sich zeigte, behielt Hauptmann Stagg Recht – obwohl er, wie er später zugab, zur Hälfte geraten hatte.

Die Historiker sind sich uneins darüber, welche Folgen es gehabt hätte, wäre die Landung in der Normandie gescheitert. Vermutlich wäre der britische Premierminister Winston Churchill, der wohl wichtigste Gegenspieler Hitlers, zum Rücktritt gezwungen worden. Vielleicht hätte Hitler einen Waffenstillstand im Westen erreicht. Womöglich hätte die Rote Armee ganz Europa überrannt.

Mit ziemlicher Sicherheit kann man davon ausgehen, dass heute auch in Berlin ein Atombomben-Mahnmal stehen würde.

Der Beamte, der China zur fortschrittlichsten Kultur der Welt werden ließ

Im Jahre 105 erfand Ts'ai-Lun, ein Beamter am Hof des chinesischen Kaisers Ho-Ti, ein neues Schreibmaterial, das er aus Hanf, Lumpen, Fischnetzen und Korkrinde herstellte: Papier.

Bemerkenswert an der Erfindung des Papiers ist, dass sie, anders als viele andere Erfindungen, die ganz unabhängig ungefähr zur gleichen Zeit an verschiedenen Orten und von verschiedenen Menschen gemacht wurden, tatsächlich nur ein einziges Mal in der Geschichte gemacht wurde. Die Europäer lernten die – komplizierte – Kunst des Papiermachens im 12. Jahrhundert von den Arabern, die sie wiederum von chinesischen Kriegsgefangenen erlernt hatten, die im Jahr 751 nach Samarkand gelangt waren. Die Verfahren der Papierherstellung sind, abgesehen von der maschinellen Automatisierung, im Wesentlichen heute noch dieselben wie zu Zeiten Ts'ai-Luns.

Vor der Erfindung des Papiers gab es in China kein wirklich brauchbares Schreibmaterial, nicht einmal halbwegs brauchbares wie Papyrus oder Pergament. Bücher wurden auf Bambus geschrieben und waren entsprechend schwer und unhandlich, oder auf teure Seide. Ab dem Zeitpunkt jedoch, da Papier zur Verfügung stand, lässt sich eine deutliche Entwicklung der chinesischen Kultur ausmachen. Ab dem 2. Jahrhundert war China über siebenhundert Jahre lang die fortschrittlichste Kultur der Erde, machte Erfindungen wie den Kompass und das Schießpulver und war dem

Westen auf jedem beliebigen Gebiet weit überlegen. Die Reiseberichte Marco Polos belegen, dass noch im 13. Jahrhundert China weitaus wohlhabender war als das Abendland.

Erst im 15. Jahrhundert sollte Europa aufholen – aufgrund einer anderen Erfindung, die den Informationsfluss noch einmal wesentlich erleichterte: Johannes Gutenbergs Buchdruck mit beweglichen Lettern.

In der Zukunft zu Hause

Es war einmal ein Lehrer, der sich jeden Morgen, wenn er das Klassenzimmer betrat, vor seiner Klasse verbeugte – anstatt umgekehrt, wie es zu seiner Zeit eher Brauch war. Als seine Schüler ihn eines Tages fragten, warum er das tue, erklärte er: «Ihr seid noch jung, und man weiß noch nicht, was einmal aus euch wird. Es könnte sein, dass einer unter euch einmal ein Großer wird und Bedeutendes leistet, und er ist es, vor dem ich mich verneige.»

War dieser Lehrer ein Mensch mit Sinn für das Kommende? Ganz bestimmt. Und bestimmt hat er mit seiner kleinen Marotte und ihrer Begründung auch den Sinn seiner Schüler für die Zukunft und ihre eigenen Möglichkeiten darin zumindest ein wenig geschärft.

Übrigens hat er Recht behalten – einer seiner Schüler war Martin Luther, der spätere Reformator.

Meine Sympathie gilt diesem namenlosen Lehrer im 15. Jahrhundert, weil ich, wenn ich die möglichen Leser dieses Buches vor Augen habe, in ganz ähnlichen Bahnen denke: Es könnte sein, dass welche darunter sind, die dereinst einmal in Positionen geraten, in denen ein Teil der Zukunft von ihren Entscheidungen abhängt. Meine Hoffnung ist, dass die Lektüre dieses Buches dazu beitragen wird, dass es gute Entscheidungen werden.

Ist die Zukunft überhaupt beeinflussbar?

Wenn wir einander Geschichten über die Zukunft erzählen, dann tun wir das, um diese Zukunft zu beeinflussen. Sei es, dass wir, indem wir eine Vision von bestechender Anziehungskraft zeichnen, sie regelrecht herbeizuführen versuchen, sei es, dass wir, indem wir das Kommende und das Mögliche erzählend ordnen, rechtzeitig Chancen erkennen wollen, um sie nutzen, und Gefahren, um beizeiten Gegenmaßnahmen in die Wege leiten zu können – letzten Endes ist es Sinn und Zweck allen Nachdenkens über die Zukunft, unser Leben nach besten Kräften in positive Bahnen zu lenken.

Doch wenn wir so denken, gehen wir unausgesprochen davon aus, dass die Zukunft nicht feststeht, sondern von uns gestaltet werden kann.

Dass dem so ist, steht keinesfalls zweifelsfrei fest. Es könnte sich auch anders verhalten. Das Schicksal könnte bis auf den Flügelschlag der kleinsten Mücke unabänderlich festgeschrieben, alles Kommende unausweichlich sein. Ein Blick in die Zukunft wäre dann nur ein Blick auf ein unabwendbares Schicksal – nicht Warnung, nicht Ansporn, nicht Gelegenheit, sondern unentrinnbarer Urteilsspruch. Und dass wir nicht wissen, was kommt, wäre eine Gnade.

Ein solches Bild von der Zeit liegt etwa der altgriechischen Sage von Ödipus zugrunde, dessen Vater, als er von dem seinem Sohn bestimmten Schicksal erfährt, versucht, es zu verhindern, und es eben durch diesen Versuch gerade erst herbeiführt.

Was von beidem stimmt? Das ist seit Jahrhunderten Thema philosophischer Diskussionen gewesen. Das Prinzip von Ursache und Wirkung schien zwingend nahe zu legen, dass alles, was geschieht, determiniert sein müsse – denn jede Wirkung ist ihrerseits wieder Ursache einer Folgewirkung, und immer so weiter, vom Anbeginn des Universums bis zu seinem Ende.

Erst die Chaosforschung zeigte, dass das Universum kausal sein kann, ohne deswegen determiniert sein zu müssen. Das bekannteste Anschauungsbeispiel dürfte das Billardspiel sein: Es beruht auf dem simplen Stoß zwischen zwei Kugeln, dessen Gesetzmäßigkeiten physikalisch völlig klar sind. Rein rechnerisch lassen sich die Bewegungen der Billardkugeln vom Anstoß über beliebig viele Banden und Stöße hinweg vorhersagen. Nicht jedoch in der Wirklichkeit, denn hier sind Messungenauigkeiten bei Winkeln und Kräften unvermeidbar, die sich, egal welchen Grad an Präzision man erreicht (die letzte, unüberwindbare Hürde wäre die Heisenberg'sche Unschärfe), über eine ausreichende Anzahl von Stößen hinweg – also Kugel stößt Kugel stößt Kugel usw. – irgendwann zwangsläufig zu absoluter Unvorhersagbarkeit aufsummieren.

Das mag nichts beweisen, scheint mir aber nahe zu legen, dass die Vorstellung eines unentrinnbaren Schicksals wenig plausibel ist.

Doch da man ein Leben nicht zweimal leben kann, wird man das nie mit Sicherheit wissen können; es ist eine *unentscheidbare Frage*. Mit anderen Worten: Wir können uns die Annahme zu Eigen machen, die uns besser gefällt.

Mir persönlich, bekenne ich, gefällt es besser, davon auszugehen, dass wir zumindest innerhalb gewisser Grenzen Einfluss auf unsere Zukunft haben. Es scheint mir vernünftiger – und *würdiger.*

Die Zukunft ist das, was passiert

Ich habe auf den vorangegangenen Seiten versucht, das, was ich zu sehen meine, wenn ich in die Zukunft denke, in Worte zu fassen. Obwohl ich mich bemüht habe, gründlich und behutsam vorzugehen, wird sich bestimmt die Hälfte von dem, was ich geschrieben habe, als Mumpitz erweisen, als komplette Fehleinschätzung, als, kurz gesagt, «atomgetriebener Hubschrauber».

Das Problem ist nur: *welche* Hälfte?

Da muss jeder zu seinem eigenen Urteil kommen, fürchte ich. Letztendlich wird es die Zukunft selbst sein, die uns belehrt.

Manches von dem, was ich geschrieben habe, mag bei manchen Lesern Unbehagen auslösen. Oder Empörung. Manches mag gar *politisch unkorrekt* sein. «Wie *kann* er das nur sagen?!», werden manche gefaucht haben auf den vorangegangenen Seiten. Ich kann es beinahe hören. Diesbezüglich sehe ich meine eigene Zukunft sehr klar vor meinem geistigen Auge: Sie ist voller wütender E-Mails.

Sorry, kann ich da nur sagen. Ich *mache* die Zukunft ja nicht. Dies ist kein Parteiprogramm, dies ist ein Radarbild. Ich versuche lediglich, klar zu sehen. Die Umrisse im Nebel zu deuten. Wenn jemand anderer Meinung ist, was sie zu besagen haben, okay – aber das ist dann Ihre *eigene* Geschichte der Zukunft.

Philip K. Dick, der große Science-Fiction-Autor und Visionär, hat einmal gesagt: «Wirklichkeit ist das, was nicht verschwindet, wenn man aufhört, daran zu glauben.» Und genauso ist Zukunft das, was passiert, unabhängig davon, was wir glauben.

Der Punkt, an dem die Zukunft anfängt

Zumindest die unmittelbare Zukunft ist im Augenblick leicht zu bestimmen. Sie, die Sie gerade schwarz gedruckte Zeichen auf weißem Papier lesen, die gelesenen Seiten in der einen Hand und die ungelesenen in der anderen, spüren, ahnen, sehen unmissverständlich voraus, was geschehen wird: Dieses Buch wird gleich zu Ende sein.

Und dann? Was werden Sie tun? Es beiseite legen und nach dem nächsten greifen? Oder werden Sie etwas daraus mitnehmen? Und was? Wissen? Wissen wandelt sich, wächst, erweitert sich und wird wieder in Frage gestellt. Sie werden aufmerksam bleiben müssen, die Dinge verfolgen.

Vielleicht – so wünsche ich es mir jedenfalls – nehmen Sie aus diesem Buch eine etwas veränderte Einstellung mit. Eine andere Sichtweise auf die Dinge, die Sie umgeben. Eine Sichtweise, die auch in Möglichkeiten denkt, nicht nur in Gegebenheiten. Denn das ist die Zukunft vor allen Dingen: eine Ansammlung von Möglichkeiten.

Wir mögen eine Geschichte erzählen, die von der Zukunft handelt, doch wenn wir das tun, *sind* wir nicht in der Zukunft, sondern wir beschäftigen uns mit Vorstellungen – mit *Abbildungen* der Zukunft in unserem Geist.

Letzten Endes gibt es nur einen Moment, der wirklich ist, einen Augenblick, in dem wir wirklich existieren und in dem wir handeln können. Den Moment, von dem ich spreche, verbringen Sie gerade damit, die Augen über die letzten Zeilen dieses Buches wandern zu lassen. Der Moment, von dem ich spreche, ist das Ergebnis aller Vergangenheit – und natürlich auch zugleich die Quelle aller Zukunft. Sie wissen, von welchem Moment ich spreche? Von diesem. Dieser Moment, aus dem alle Zukunft hervorgeht, von jeher und für alle Zeiten.

Jetzt.

Nachwort zur Taschenbuchausgabe

Drei Jahre sind vergangen, seit ich *Das Buch von der Zukunft* geschrieben habe. Es anlässlich der bevorstehenden Taschenbuchausgabe noch einmal durchzusehen war wie eine erste Standortbestimmung. Wo habe ich mich damals aus heutiger Sicht geirrt? Wo Entwicklungen falsch eingeschätzt? Obwohl drei Jahre keine lange Zeit sind, verglichen mit dem Rest der Zukunft: Einiges lässt sich doch sagen.

Meine drastischste Fehleinschätzung war die, ich würde viele wütende Mails auf mein Buch hin erhalten. Dem war nicht so. Interessanterweise bezogen sich die einzigen heftigen Zuschriften, die ich bekam, allesamt auf ein einziges kleines Nebenthema, dem ich im Buch gerade mal einen Absatz von knapp zehn Zeilen gewidmet hatte. Ansonsten kamen vorwiegend positive Reaktionen und – vielen Dank an dieser Stelle – etliche Mails, die mich auf verschiedene kleinere sachliche Fehler aufmerksam machten (die ich in der Taschenbuchausgabe korrigiert habe, insoweit ich die Auffassung teile, dass es sich um Fehler handelte). Und einige durchaus sachliche Schreiben von Leuten, die in dem einen oder anderen Punkt anderer Meinung als ich waren, was natürlich völlig in Ordnung ist.

Sie möchten jetzt aber vor allem wissen, welcher Zehn-Zeilen-Absatz für Aufruhr sorgte? Geduld. Ich komme noch dazu. Zuerst die wirklich wichtigen Themen und was dazu nachzutragen ist.

Energiewandel

Der Trend, dessen Entwicklung am raschesten voranschreitet, ist das nahende Ende des Erdölzeitalters. Inzwischen erklären uns sogar die Mineralölkonzerne selbst, dass die Vorräte nicht ewig reichen werden. BP hat Millionen für Anzeigen ausgegeben, um uns wissen zu lassen, dass diese Buchstabenkombination nicht mehr für «British Petroleum», sondern für «beyond petroleum» stehe. Chevron hat mit Plakaten auf das seit langem aufklaffende Missverhältnis zwischen Ölförderung und Ölfunden aufmerksam gemacht. Und Saudi-Arabien hat inzwischen erstmals eingeräumt, dass die aus Ghawar – dem größten Ölfeld der Welt – förderbare Ölmenge rückläufig ist.

Dieses Thema wird uns in den kommenden Jahren nicht verlassen. Da ich aber in der Zwischenzeit einen umfangreichen Roman geschrieben habe, der das *worst case*-Szenario einer «harten Landung» eingehend und, wie ich hoffe, eindrücklich schildert, will ich an dieser Stelle nicht weiter auf Details eingehen.

Falsch eingeschätzt habe ich dabei die Wahrscheinlichkeit einer Renaissance der Atomkraft: In den jetzigen Industriestaaten sei eher nicht mit dem Bau neuer Atomkraftwerke zu rechnen, schrieb ich. Hier war wohl eher der Wunsch Vater des Gedankens, nicht nüchterne Einschätzung der Situation: Kaum verdichten sich die Hinweise, dass das Erdöl tatsächlich nicht für alle Zeiten fließen wird, schon wird wieder laut über eine Rückkehr zur Kernenergie nachgedacht. Hinzu kommt ein Argument, das wir in naher Zukunft vermutlich noch öfter zu hören bekommen werden, nämlich dass Atomkraftwerke kein CO_2 ausstoßen (was sogar stimmt) und man, um die globale Erwärmung zu bremsen, auf Atomkraft umsteigen müsse. Inzwischen halte ich es für wahrscheinlich, dass man sich der Kernkraft mittelfristig wieder zuwenden und dass der Atomausstieg in Deutschland wieder gekippt wird, sobald Versorgungsengpässe eintreten.

Halten wir aber fest, dass dennoch weiterhin gilt: Kernkraft treibt keine Fahrzeuge an, und die Uranvorkommen sind kaum weniger begrenzt als die Ölvorkommen. Sollte die Kernenergie wieder kommen, wird dies nur eine Episode sein, keine langfristige Problemlösung.

Energiespeicherung

Nachzutragen ist ein Gesichtspunkt, der für Einsatz und Nutzung erneuerbarer Energien von entscheidender Bedeutung sein wird, der aber bisher – auch von mir – in der Diskussion sträflich vernachlässigt worden ist.

Es gibt den Spruch «Die Sonne scheint immer dann, wenn man sie nicht braucht – tagsüber, wenn es sowieso hell, und im Sommer, wenn es sowieso warm ist». Das ist ein Scherz, aber er illustriert das Problem: Angenommen, man hätte so viele Solarzellen installiert, dass der dadurch erzeugte Strom genügen würde, den Bedarf des ganzen Landes zu decken – sobald die Sonne unterginge, blieben die Lampen in den Häusern trotzdem dunkel.

Elektrizität muss in dem Moment zur Verfügung stehen, in dem sie gebraucht wird. Das System der Stromversorgung funktioniert nicht ohne die Möglichkeit, Energievorräte abzurufen. Momentan wird dies gemacht, indem in fossilen oder nuklearen Brennstoffen gespeicherte Energie dann freigesetzt wird, wenn man Energie braucht. Wenn man dahin kommen will, eines Tages den Energiebedarf unserer Zivilisation aus Sonnenenergie und dergleichen zu stillen, tut es vor allen Dingen not, eine Technologie der Energie*speicherung* zu entwickeln.

Es gibt viele physikalische und andere Prinzipien, die hier zum Einsatz kommen können (Wasserstoff beispielsweise könnte elektrolytisch erzeugt, gespeichert und im Bedarfsfall in Kraftwerken wieder verbrannt werden), aber es ist eine anspruchsvolle Aufgabe, daraus eine verlässliche Technologie zu entwickeln, und soweit ich sehe, tut sich im Moment auf diesem Gebiet nichts Weltbewegendes. Man wird darauf achten müssen: Solange hier kein Durchbruch erzielt wird, werden erneuerbare Energien nur eine Nebenrolle spielen *können.*

Klimawandel

Mit jedem Jahr, das vergeht und uns mit Wetterkapriolen überrascht, verdichtet sich die Gewissheit, dass sich das Weltklima wandelt.

Nach wie vor bin ich – egal was Al Gore und Bono sagen – nicht davon überzeugt, dass wir Menschen den Klimawandel «gemacht» haben. Das Klima kann sich nämlich ganz gut ohne unser Zutun wandeln und hat dies auch, wenn man wissenschaftlichen Daten glauben will, schon in den Jahrmillionen vor der Entstehung unserer Spezies häufig getan.

Noch weniger bin ich davon überzeugt, dass wir diesen Klimawandel aufhalten können – und zwar egal, ob wir ihn (zumindest mit-)verursacht haben oder nicht. Selbst wenn es einzig an uns läge: Wir können ja nicht mal abrüsten, und das wäre verglichen damit eine relativ einfache Angelegenheit, denn ohne Waffen könnten wir sehr gut leben auf diesem Planeten, nicht jedoch ohne Technik, die nur um den Preis einer gewissen Umweltbelastung zu haben ist.

Erschüttert bin ich allerdings über die Undurchdachtheit vieler Vorschläge. Etwa den, in Europa die klassische Glühbirne abzuschaffen. Klingt aufs erste Hören plausibel, denn tatsächlich werden nur 10 Prozent der Energie, die eine Glühbirne verbraucht, in Licht umgewandelt, der Rest wird als Wärme abgestrahlt.

Die Idee stammt aus Australien, einem warmen Land mit vielen Klimaanlagen. Anders als dort ist jedoch die Wärmeabstrahlung von Glühbirnen in den meisten europäischen Ländern die meiste Zeit des Jahres *keine* Energieverschwendung, sondern trägt zur Heizung der Wohnungen bei. Ersetzt man alle Glühbirnen im Haus durch Energiesparlampen, muss man entsprechend mehr heizen. Man spart also unterm Strich wenig, belastet dafür aber die Umwelt mehr, denn Energiesparlampen enthalten Quecksilber und sind nach Ende ihrer Lebensdauer Sondermüll.

Aktionismus ähnlich fragwürdiger Qualität werden wir in den kommenden Jahren wohl noch häufiger erleben. Der Klimawandel steht inzwischen auf der politischen Agenda, wird aber vermutlich hauptsächlich als Vorwand dienen, um anderweitige Ziele zu verfolgen, und gegebenenfalls als Ausrede für politisches Versagen.

Demographischer Wandel

Inzwischen haben wir die erste Anhebung des Rentenalters erlebt. Weitere werden folgen. Von allen Trends ist der demographische Wandel der unaufhaltbarste.

Wieder finde ich die Phantasielosigkeit bestürzend, mit der sowohl Politikern als auch Intellektuellen angesichts dessen nichts anderes einfällt, als unisono nach mehr Kindern zu rufen, um die Renten zu sichern.

Denkt niemand von diesen Leuten? Mit wie vielen Menschen würden sie, wenn sie es in der Hand hätten, Deutschland denn bevölkern? 80 Millionen sind es im Moment – wollen wir, dass es 200 Millionen werden? Sieht keiner, dass eine Phase der Überalterung unvermeidbar ist, wenn die Weltbevölkerung auf unblutige Weise wieder schrumpfen soll? Selbst wenn sich in Deutschland eine *Milliarde* Leute drängen würden, wäre damit *keines* der momentanen Probleme des Rentensystems gelöst!

Da eine moderne Gesellschaft ohne funktionierendes Rentensystem nicht sein kann, *wird* es sich wandeln. Bis dahin ist mit regelmäßigen Neuauflagen von «Kinderpropaganda» zu rechnen. Die kinderlosen Akademikerinnen wurden gerade erst diffamiert, die kinderlosen Ehepaare kommen sicher noch dran.

Auch wird man viel Geld ausgeben für letztendlich zum Scheitern verurteilte Versuche, verödende Orte in entlegenen Gebieten Deutschlands am Leben zu erhalten.

Internet

Wie nicht anders zu erwarten war, haben sich die Gegebenheiten rund um das Internet in den vergangenen Jahren rasant weiterentwickelt. Der geneigte Leser wird gelächelt haben bei der Passage, die die permanente Internetanbindung für jedermann noch als Zukunftsmusik beschreibt: Sie ist dank DSL inzwischen fast schon Standard.

Digital-Rights-Management-Systeme und Micropayment sind dagegen bis jetzt nicht über wenig überzeugende Versuche hinausgekommen. Waren diesbezügliche Annahmen falscher Alarm?

Ich denke: nein. Nach wie vor nimmt der Anteil der SPAM-Mails am gesamten Aufkommen weiter zu, während bisherige Gegenmaßnahmen – wie mehr oder weniger intelligentes Ausfiltern, Blockieren bestimmter Adressen usw. – die Zuverlässigkeit des Mediums E-Mail immer weiter sinken lassen. Das schafft zunehmenden Druck, eine Lösung zu finden, und dieser Druck wird der Motor der weiteren Entwicklung sein – zusammen mit zunehmenden Bestrebungen von Regierungen und anderen, die für Machthaber ärgerliche Egalität wieder aus der Welt zu schaffen, die das Internet zu schaffen droht. «Teile und herrsche» ist das Grundprinzip aller Macht, und die Vernetzung der Weltgesellschaft unterläuft diesen Mechanismus.

Denn die politischen Prioritäten sind interessant: Anstatt SPAM-Mail-Versender zu verfolgen, kriminalisiert man über fragwürdige Novellierungen des Urheberrechts Schulkinder, die auf dem Schulhof Musikdateien austauschen. Nach wie vor wird der Missbrauch des Abmahnrechts durch geschäftstüchtige Anwälte geduldet, der privaten Website-Betreibern das Leben schwermacht. Und im Namen der Terrorismusbekämpfung werden Überwachungsmechanismen aller Art immer weiter ausgedehnt.

Man muss davon ausgehen, dass die Entwicklung weitergehen wird, die zum Ende des anonymen Internets führt. Wenn es dumm läuft, bringt sie auch gleich den gläsernen Bürger und das faktische Ende der Meinungsfreiheit.

Wahlcomputer

Zu meiner Beruhigung registriere ich in diesem Zusammenhang, dass Wahlcomputer nicht mehr unwidersprochen Verbreitung finden. Wissenschaftler der Universität Princeton haben die grundsätzliche Unzuverlässigkeit solcher Maschinen dokumentiert, Hackerclubs führen öffentlich vor, wie einfach derartige Manipulationen sind, die US-amerikanischen Bundesstaaten Florida und Kalifornien haben ihren Einsatz bereits entweder untersagt oder erschwert. Ich sehe inzwischen Anlass zu der Hoffnung, dass hinsichtlich dieser Geräte ein Umdenken stattfindet. Momentan ist in derlei Meldungen noch oft die Rede von «Nachbesserung», doch niemand, der sich ein wenig mit Computern auskennt (und die Anzahl solcher Menschen nimmt zu), wird sagen können, wie so etwas aussehen soll. Keine technische Maßnahme der Welt kann das grundlegende Problem solcher Geräte lösen: Ein Kreuz auf einem Wahlzettel ist ein Kreuz auf einem Wahlzettel, eine elektronisch abgegebene Stimme dagegen nur ein Eintrag in einem Speicher, der *prinzipbedingt* jederzeit spurlos änderbar ist. Wenn Sie bei einer Kommunal-, Landtags- oder Bundestagswahl statt eines Wahlformulars eine solche Maschine vor sich haben, dann können Sie nur *glauben,* dass da irgendwo im Inneren des Gerätes Ihre Stimme so gezählt wird, wie Sie sie abgegeben haben – *wissen* können Sie es nicht.

Je vertrauter uns der Umgang mit Computern wird, desto besser werden wir lernen zu erkennen, wann ein Computer *nicht* das optimale Werkzeug ist. Bei Abstimmungen jedweder Art, für die Vertrauenswürdigkeit oberstes Gebot ist, ist er es nicht.

Die zweite Erde rückt näher

Atemberaubend sind auch die Fortschritte bei der Suche nach anderen Sonnensystemen. Immer kleiner und erdähnlicher werden die Planeten, die die Astronomen aufspüren, immer neue Methoden der Identifizierung werden entwickelt, ein Ende der Entwicklung ist nicht in Sicht. Ein Meilenstein nach dem anderen wird erreicht: das erste Foto eines extrasolaren Planeten, der erste Nachweis von Wasserdampf, der erste Planet, der Bedingungen aufweist, die Leben in dem Sinne, wie wir es kennen, möglich erscheinen lässt.

Hier warten noch Entdeckungen, die unser Weltbild verändern werden, und sie werden wahrscheinlich eher gemacht werden, als ich es vor drei Jahren erwartet habe. Inzwischen rechne ich damit, den Moment, in dem eine zweite Erde entdeckt wird – ein für Menschen bewohnbarer Planet also –, noch zu erleben.

… aber was wirklich für Aufregung sorgte!

Doch was im Buch war es denn nun, das Leser wirklich auf die Palme brachte? Falls Sie es bis jetzt nicht ahnen: Ging mir genauso. Es war ein kleiner Absatz, in dem ich darüber nachdenke, was man sich damit antut, wenn man einen beträchtlichen Teil seiner Freizeit damit verbringt, gewaltorientierte Computerspiele zu spielen.

Wow! Was für ein Aufstand!

Verdächtig geradezu.

An dieser Stelle will ich bereitwillig einräumen, dass meine Einstellung zu den diversen Sorten von Computerspielen sich nicht aus eigenem Umgang damit speist – ich finde sie allesamt langweilig –, sondern hauptsächlich aus der Erfahrung mit meinem Sohn. Der war stets deutlich anders «drauf», wenn er von einem «Ballerspiel» weg zum Essen gerufen wurde, als wenn er gerade «SimCity» oder dergleichen in der Mache hatte. Meiner schriftstellerischen Phantasie war es in solchen Momenten sehr einsichtig, dass man, wenn man das mit einer etwas anfälligeren Seele kombiniert, romanstofftaugliche Ereignisse bekommen kann. (Das gilt auch für Filme, anbei bemerkt. Bloß haben die bei weitem nicht das «Suchtpotenzial» von Computerspielen.)

Kritisiert wurden meine Bedenken, man würde mit gewaltbasierten Computerspielen bestimmte Fähigkeiten trainieren. Ich kann allerdings offen gestanden nicht nachvollziehen, wie man der Auffassung sein kann, man würde mit einem Spiel *nicht* irgendetwas trainieren. Man spielt natürlich nicht aus diesem Grund, sondern aus der Lust am Spiel, aber man könnte dessen Trainingseffekt nicht einmal vermeiden, wenn man es wollte. Selbst bei Tieren lässt sich beobachten, dass deren Junge spielen. Das scheint ein elementarer Bestandteil der individuellen Entwicklung zu sein und offenbar dazu da, wesentliche Fertigkeiten beiläufig einzuüben. Um zu uns Menschen zurückzukommen: Natürlich übt Fußball andere Fertigkeiten als Schach. Und «Doom» eben andere als «Solitaire».

Der für mich interessanteste Punkt war, dass mir vorgeworfen wurde, ich würde nach Zensur rufen – was ich, liest man genau, nicht *tue*; tatsächlich kommt dieses Wort im gesamten Buch nicht vor. (Ich denke durchaus, dass Ballerspiele in Bezug auf Computer das sind, was Pornographie in Bezug auf Fotoapparate und Videokameras ist: Beide gehören zwar irgendwie in unsere Welt, sind deswegen aber nicht «gut», und maßvoller Umgang damit empfiehlt sich im eigenen Interesse. Aber verbieten? Nichts läge mir ferner als diese Empfehlung. Ich bin der Überzeugung, dass man mit Verboten selten Probleme löst: Meistens schafft man damit nur neue. Die Geschichte der Prohibition etwa liefert für diesen Effekt reichlich Belege.)

Wenn man etwas liest, was nicht dasteht, ist das psychologisch hochinteressant. Auch die Heftigkeit der Reaktionen ließ darauf schließen, dass mancher sich hier in einer Weise getroffen fühlte, wie man sich nur fühlt, wenn man im Grunde selbst glaubt, dass an Vorwürfen etwas dran ist. Ich hoffe es, denn wenn es so war, hieße das, dass wir Menschen – auch wenn wir es oft nicht zugeben wollen, nicht vor anderen und nicht einmal vor uns selbst – im Grunde doch immer wissen, was gut und richtig ist.

Und das wäre ein Grund zur Hoffnung.

Andreas Eschbach
August 2007

MIX
Papier aus verantwortungsvollen Quellen
FSC® C019821

Das für dieses Buch verwendete FSC®-zertifizierte Papier *Lux Cream* liefert Stora Enso, Finnland.